コンパクトシリーズ　流れ

# 流れの話

河村哲也　著

インデックス出版

# はじめに

　本書は流れの科学，特にその中心的な分野である流体力学に対して，一部分 powerpoint＊のスライドを補助にして解説した入門書です．そのため，物理に対してあまり知識のない読者に対しても理解できるように記述しています．位置づけとしては著者の「コンパクトシリーズ流れ」の別冊になっています．

　流体とは空気など気体と水など液体を総称した用語です．これは，気体と液体は力学的に似ているためまとめて議論するのが便利だからです．われわれは空気と水に取り囲まれて生活しているため，流体力学を理解することはとても重要であり，また応用範囲は多岐にわたります．流体力学の基本法則は，質量の保存，運動量の保存，エネルギーの保存であり，流体力学のもとになる基礎方程式はこれらの自然法則を式で記述したものに他なりません．ただし，流体は自由に変形するため，その運動は非線形現象になり，それを数学的に解析することはきわめて困難です．一方，流体力学は実用に欠かせないため，コンピューターを用いた解析（CFD＝Computational Fluid Dynamicis）が，コンピューターの発明以来，重点的に行われてきました．気象分野における数値予報もその例です．

　本書は 3 部構成に Appendix を付け加えた形になっています．Part Ⅰ は，流体力学のやさしい入門で，5 つの疑問，油圧ジャッキの原理，飛行機の速度計，回転ボールのカーブ，飛行機が飛ぶ理由，ゴルフボール表面にある凹凸の理由について答える形で powerpoint のスライドを使いながら話を進めます．Part Ⅱ は，主として物理的な説明になっていた Part Ⅰ の内容を数学を使って補足しています．前述のように流体力学の数学的な取扱いは非常に難しいのですが，流体の粘性が無視できる場合で，特に 2 次元的な流れに話を限ると，複素関数論がそのまま使えます．複素関数論というと敷居が高く感じられますが，本書で述べる基礎部分は高校程度の微分積分の知識で十分理解できます．Part Ⅱ を読むことによって流体力学の美しさを感じていただければと思います．Part Ⅲ では CFD について著者の研究を振り返る形で

---
＊　マイクロソフトの登録商標

powerpoint のスライドを使いながらやさしく述べています．現在，CFD は流体力学の主要分野であり，研究者の数も膨大ですが，著者が CFD をはじめた 1980 年初頭は日本における CFD の研究者は数えるくらいしかいませんでした．Appendix A，B は，著者が学生時代からお世話になり影響を受けた 2 人の先生の思い出を記した文で，日本流体力学会誌「ながれ」に載せたものを許可を得て転載したものです．また Appendix C は著者が CFD について日頃考えていることを，一部分ですが，書き記したものです．また，Appendix D では「コンパクトシリーズ流れ 流体シミュレーションの基礎」でスペースの関係で記せなかった内容を補遺の形で補いました．

　実は本書のもとになったものは著者の 2 つの講話です．ひとつは放送大学文京学習センターの学生に対しておこなった「流れの科学入門」という 1 時間半の遠隔授業で，そのときの powerpoint 資料を解説する形にしています．Part III は，著者が昨年（2020 年 3 月）の定年直前におこなった最終講義で，そのときの powerpoint 資料および音声の講演記録を一部分を除きほぼそのまま文字におこしたものです．この最終講義は著者が大学教員として行ってきた研究，社会貢献，大学運営，教育を振り返ったものです．その中で本書の主題に関連するのは研究の部分だけです．その他の部分は流体力学には直接関係しませんが，こういった話もなんらかの形で読者のみなさんの参考になるかと思い，あえて本書に載せました．

　最後になりましたが，本書の出版にあたりインデックス出版のスタッフに大変お世話になりました．また私の研究者仲間の永田裕作氏（現日本文理大学准教授）は最終講義の録音を文字におこすという大変な作業を自ら申し出てくださいました．ここに記してこれらの方々に感謝の意を表します．

2021 年 7 月　　河村哲也

# 目　次

# Part I
# 流体力学入門

流体力学の話をはじめます.

```
流れの科学入門

    ― 流体力学の初歩 ―


放送大学客員教授 河村哲也
```

## ▋ 流体力学とは……………………………………………………………

```
流体力学とは

・ 流れの力学的な性質を解明する分野
・ 主に気体と液体のマクロな運動に関連
・ 気体と液体は類似の力学的性質をもつため,
  まとめて「流体」という
   ―決まった形をもたない
   ―力を加えると容易に変形
   ―流れる
```

流体力学とは流れの力学的な性質を解明する学問分野で, 主に気体と液体のマクロな目に見える運動に着目します. しかし, 気体や液体に限らず, 微小な粒子の集まりである粉体のマクロな流れやマグマの運動についても流体力学が用いられます

し, さらに車の流れや人の流れの解析も流体力学の守備範囲です.

さて気体と液体は力学的な性質に着目した場合,両方とも類似しているため, まとめて**流体**と称します. 具体的には, 気体も液体もそれ自身では決まった形をもたず, どのような形状の容器にも隙間なく満たすことができます. また, 少しの力を加えるだけで容易に変形し, その結果, 流れが生じます. これに反して固体はそれ自身, 決まった形を持ち, 大きな力を加えてもなかなか変形しません. なお, 微小な固体粒子は1つ1つに着目した場合には固体としてふるまいますが, 多く集めて集団として見た場合には流れます. 車や人の流れといった場合に流体力学では集団としての流れを指します. 逆に流体を解析する場合にも流体を微小な塊の集団とみなすこともしばしばあります.

```
┌─────────────────────────────────┐
│        流体力学の関連分野          │
│                                 │
│ ・関連分野                        │
│  工学：土木，建築，機械，航空，船舶…  │
│  理学：物理，数学，気象，海洋，…     │
│  生物学・医学，環境科学，情報科学，…  │
└─────────────────────────────────┘
```

われわれは気体である空気や液体である水に取り囲まれて生活しているため，流体自身の運動や流体による物質の輸送などを解析することは，日常生活をおくる上で非常に重要であり，またそのため，ほとんどの科学分野や産業分野は流体力学と密接に関連しています．

　まず工学の分野についていくつか例をあげます．土木工学につきましては，河川の流れの解析や治水，橋脚の設計，ダムの設計はもちろんですが，防波堤や波消しなど海という流体とのかかわりに関した分野も土木工学です．

　建築に関しては，ビル風の解析，風圧の見積もり，屋上緑化の効果の検討といった建物の外側の話のほか，冷暖房の効果といった室内気流に関するものも流体力学がカバーします．

　機械工学については，自動車の抵抗軽減，新幹線の車両の騒音対策，エンジン内の流れ，自然エネルギーの利用で近年注目されている風車や水車といった流体機械など流体にかかわるものには枚挙にいとまがありません．

　航空では飛行機が中心ですが，翼やジェットエンジンの設計，騒音軽減，燃費の向上等々流体力学の知見が必須ですし，もちろん船舶は水の上を走行するので流体そのものを相手にし，また波も大きな解析対象です．

　一見，流体とは関係なさそうな化学工学もパイプライン内の流れや効率のよい攪拌など流体とは切り離せません．

　次に理学分野について見てみます．そもそも流体力学は物理学とともに発展してきました．ニュートン力学が流体力学の基礎になりますが，ニュートン以前にもパスカルやガリレオの弟子トリチェリなど流体力学に関して名前を冠する業績があり，さらに遠くギリシャ時代にもアルキメデスがアルキメデスの原理を発見しています．

　ニュートン以後，オイラー，ラグランジュ，ベルヌーイ，ストークスなどによって流体力学が大いに発展しました．そもそも19世紀ごろまでは物理学と数学は現代ほど分離されておらず，これらの人たちは著名な数学者でもありました．流体力学は物理学の諸分野の中でも数学を最も駆使する分野で

もあり，数学とは切っても切れない関係にあります．流体の運動は複雑な微分方程式で表されるため，それを解くのが問題になりますが，それだけではなく乱れた流れを扱うには統計学の手法も重要になります．

　地球科学，特に気象学を含む大気科学は流体力学の大きな活躍分野です．気象現象は，いってみれば水蒸気を含む空気の大規模な運動ととらえることができます．また，気象は海洋と分けて考えることはできません．海水の運動である海流や海の温度分布，塩分濃度分布などは流体力学の理解のもとはじめて議論できます．

　医学や生物学分野でも流体力学は大きな働きをします．医学では例えば血管内の流れの解析により動脈瘤ができたときの血管に及ぼす影響が評価できますし，血管のバイパス手術の効果，心臓内の血液の動きなど流体力学が答を出してくれます．生物では血管や細胞内の流れのほか，昆虫の飛行の仕組みや魚の泳法の解析，鳥の編隊飛行の効果も流体力学の守備範囲です．

　環境科学においては，工場排水による水質汚染や，排気ガスによる大気汚染といった環境アセスメントを行う上で流体力学は主要な役割を果たします．また地球環境問題に対する流体力学の役割は大きなものとして，温暖化に対する気候変動の予測とかオゾンホール生成のメカニズムの解明などがあります．

　情報科学と流体力学との関係は以下のとおりです．先ほど述べたように流体力学の基礎方程式は複雑な微分方程式で，これを解けばいろいろな問題が解決しますが，現象が複雑であればあるほど数式を使った解析はほとんど不可能になります．そのとき威力を発揮するのがコンピューターを使って基礎方程式を数値的に近似的に解くという方法です．こういった考え方は20世紀初頭からありましたが，1960年代以降，コンピューターが実用に耐えるようになってから急速に発展しました．そして，現在ではコンピューターを使って流体を解析するCFD（Computational Fluid Dynamics：**数値流体力学**）が流体力学の主流になっています．CFDでは，解析する領域を格子や要素とよばれる小さな網目にわけて計算するのがほとんどです．この網目が細かいほど精度がよくなりますが逆に計算量が膨大になるため，たとえば気象のシミュレーションでは天気予報の確度をあげるためスーパーコンピューターとよばれる計算能力の高いコンピューターを用いるのがふつうで

す．このように大規模計算という意味で流体力学と情報科学はつながります．さらに計算結果の解析では膨大なデータが得られるため，そこから有益な情報を取り出すことも重要になります．そういった場合には CG（コンピューターグラフィックス）など可視化技術や AI（人工知能）が応用できます．

---

**目標（以下の工学的疑問を解決）**

- なぜ油圧ジャッキで重いものが持ち上げられるのか？
- 飛行機の速度はどうやって測るのか？
- なぜボールを回転させるとカーブするのか？
- なぜ重い飛行機が飛べるのか？
- なぜゴルフボールに凹凸があるのか？

---

今回は以下に示す流体に関連する5つの身近な疑問を取り上げ，流体力学的な見地から，疑問に答えながら流体力学への入門的な知識を得ること目標とします．具体的には

**❶ なぜ油圧ジャッキで重いものを小さな力で持ち上げる**ことができるのか？（➡ 5 ページ）

油圧ジャッキを見たことがあるでしょうか？重いものを持ち上げるとき，たとえば自動車のタイヤを交換するとき何トンもある自動車を持ち上げる必要があります．そのとき使うのがジャッキで，それほど力を加えなくても重いものをたやすく持ち上げることができます．いろいろな種類がありますが，力を増幅するのに油を用いるのが油圧ジャッキです．

**❷ 飛行機の速度**はどうやって測るのか？（➡ 19 ページ）

自動車や電車ではタイヤや車輪は接地しています．したがって，たとえば1分間にそれらが何回転したかを計測すれば，その回数にタイヤや車輪の周の長さをかければ，1分間に進んだ距離，すなわち分速（60 倍すれば時速）が得られます．一方で，飛行機は空中を飛んでいて接地していません．どのようにして飛行速度を測っているのかという疑問です．

**❸ なぜボールを回転させるとカーブするのか？**（➡ 20 ページ）

野球ボールに回転をかけて投げたり，サッカーボールを回転するように蹴ったり，ラケットでピンポン玉を回転させたりすると普通の軌道に比べて上下左右に曲がります．どの方向に曲がるのかは回転の向きによりますが，そもそもどうして曲がるのでしょうか？

**❹ なぜ重い飛行機が空を飛べるのか？**（➡ 21 ページ）

鳥や昆虫が空を飛ぶとき羽を動かします．飛行機には動かない翼がついて

いるだけなのに空を飛ぶことができます．どうして重力にさからって飛び続けることができるのでしょうか？

**❺なぜゴルフボールに凹凸があるのか？**（➡ 32 ページ）

ゴルフボールはゴルフをしない人でも見たことがあると思いますが，つるつるした球ではなく表面に小さな凹凸があります．実はこの凹凸は飾りではありません．その理由について考えてみます．

## ▌静水力学……………………………………………………………………

### ❶重いものを小さな力で持ち上げる

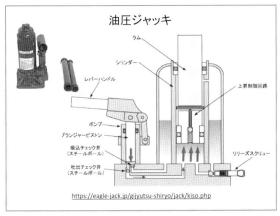

油圧ジャッキ

ラム
シリンダー
レバーハンドル
上昇制御回路
ポンプ
プランジャーピストン
吸込チェック弁
（スチールボール）
吐出チェック弁
（スチールボール）
リリーズスクリュー

https://eagle-jack.jp/gijyutsu-shiryo/jack/kiso.php

疑問について詳しく考えてみます．**油圧ジャッキ**を簡単にモデル化した図が左のスライドです．ポイントは密閉された丈夫な容器に流体（ここでは容器を腐食させないため油）が入っている点と，力を加える側の面積が小さく，持ち上げる側の面積が大きくなっている点です．あとは押し下げたあと，もとにもどすとき油が常に供給されるように弁の働きをするボールがついていて，何回も押し込めるようなっています．また，持ち上げる側の油もある程度たまると押す側に排出されるようになっています．

---

**静水力学**

・流体が静止している状態（流速＝0）の力学
・力の釣り合いが基本
・圧力と密度が関係
・圧力：流体中に平面を考えたとき面に垂直に働く単位面積当たりの力（押す方向に働く）
・静止流体中で微小部分に働く圧力は一定

---

流体力学は主に運動する流体の解析を目的としていますが，特に静止した流体を扱うときには**静水力学**といいます．静水力学では力の釣り合いが問題となります．油圧ジャッキは静止した流体の性質を用いています．流体が静止している場合は，流

体の圧力と密度が問題となります．ここで**圧力**とは，流体中にひとつの面を考えたとき，その面を垂直に押す方向に働く「単位面積あたりの力」のことです．

### パスカルの原理

- 密閉された静止流体のある面で圧力が増加すればすべての面において同じだけ圧力が増加する．（パスカルの原理）
- 図のA面（面積A）で圧力がΔP増加すればB面（面積B）でもΔP増加する．
- → 力に換算するとA面での力の増加はAΔP
  B面での力の増加は BΔP
  BΔP = (B/A) × AΔP
- → B/A倍になる
  （油圧ジャッキの原理）

油圧ジャッキで大きな力が働くのは，パスカルの原理を使えば容易に理解できます．パスカルの原理とは，

**"密閉された静止流体において，ある面で圧力が増加すれば，流体中のすべての面において同じだけ圧力が増加する"**

というものです．この原理が成り立つ理由はあとで考えることにして，油圧ジャッキにパスカルの原理をあてはめてみます．上のスライドで $A$ 面（面積 $A$）で圧力が $\Delta P$ 増加したとしたとします．このときパスカルの原理から $B$ 面（面積 $B$）においても圧力は同じ $\Delta P$ 増加します．それぞれ力に換算すると，$A$ 面での力の増加は，$\Delta P$ に面積 $A$ をかけた $A\Delta P$，$B$ 面での力の増加は $B\Delta P$ です．$B\Delta P = (B/A)A\Delta P$ なので $A$ 面の力は $B$ 面では $(B/A)$ 倍されたことになります．もし，$B$ 面の面積が $A$ 面の10倍だったら，力は10倍に増幅されたことなります．ただし，油の量を考えると，たとえば $B$ 面を5cm持ち上げるためにはその10倍の50cm押し下げる必要があります．なお，このとき油は圧縮されないということを使っています．

### 横方向の力の釣り合い

- 微小直角三角形ABC（奥行1）において，辺ACで$\Delta P_1$，斜辺BCで$\Delta P_3$増加したとする
- AC面：力の増加は　AC × $\Delta P_1$
- BC面：力の横方向の増加は
  $(BC × \Delta P_3) × (A'C'/B'C')$
  $= (BC × \Delta P_3) × (AC/BC) = AC × \Delta P_1$
- 力は釣り合うため　$\Delta P_3 = \Delta P_1$
- 縦方向も同じ

それでは，パスカルの原理が成り立つ理由を考えてみます．図（以下の記述で図とは，特に断らない限り，一番近くにあるスライドの図のことです）に示すように静止した流体内に微小な三角形を考えてみます．実際は3次元なので紙面に垂直な方向にも長さをもちますがその長さを1とします．この三角形は運動をしていないので力は釣り合っています．さて，この三角形の縦の辺 $AC$ に新たに圧力 $\Delta P_1$ が加わり，同様に横の辺 $AB$ と斜辺 $BC$ にそれぞれ $\Delta P_2$ と $\Delta P_3$ が加わっ

て静止状態を続けたとします．増加した力も釣り合うため，以下では増加分だけを考えます．

　このとき横方向の力の釣り合いを考えてみます．圧力は単位面積当たりの力なので，$AC$ を通して$\Delta P_1 \times AC$，斜辺 $BC$ を通して$\Delta P_3 \times BC$ の力が働きます．後者の横方向成分は図から

$$\Delta P_3 \times BC \times (A'C'/B'C')$$

となりますが，図の大小2つの直角三角形は相似であるため $A'C'/B'C' = AC/BC$ が成り立ちます．このことを考慮すれば，斜辺に働く力の横方向成分は

$$\Delta P_3 \times BC \times (AC/BC) = \Delta P_3 \times AC$$

です．これと横方向の力$\Delta P_1 \times AC$が等しいため$\Delta P_3 = \Delta P_1$ が結論されます．同様に，縦方向の力の釣り合いから$\Delta P_3 = \Delta P_2$となるため，$\Delta P_1 = \Delta P_2 = \Delta P_3$，すなわちすべての面の圧力増加は等しくなります．以上は説明を簡単にするため直角三角形を用いましたが，圧力増加が各辺で等しいことは任意の微小三角形でも成り立ちます．

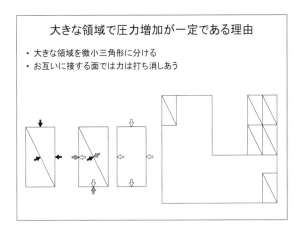

大きな領域で圧力増加が一定である理由

・大きな領域を微小三角形に分ける
・お互いに接する面では力は打ち消しあう

次に2つの微小直角三角形を，図に示すように斜面をはさんでくっつけたとします．上の三角形の横の辺の圧力が$\Delta P$増加した場合，縦の辺も斜辺も$\Delta P$増加しますが，斜辺に着目すると下の三角形の斜辺の圧力も$\Delta P$増加します（力の釣り合いと考えることも，作用反作用の法則と考えることもできます）．下の三角形の斜辺の圧力が$\Delta P$増加したので，横の辺や縦の辺の圧力も$\Delta P$増加します．このようにして流体内の圧

力増加は同じだけ次々と伝わっていきます．任意の領域は，図の右に示すように小さな三角形に分けて考えることができます．

このことからパスカルの原理

"密閉された静止流体において，ある面で圧力が増加すれば，流体中のすべての面において同じだけ圧力が増加する"

が成り立つことがわかりました．

---

**まとめ：油圧ジャッキ**

・圧力は面に垂直に働く単位面積当たりの力
・パスカルの原理（圧力増加は均等）を利用
・面積が10倍になれば押す力も10倍になる
（ただし，10cm持ち上げるには1m押し込む）

---

ここで，1番目の疑問（油圧ジャッキの原理）に関して学んだことをまとめておきます．

（1）圧力とは流体内の面を垂直に押す方向に働く単位面積あたりの力である．

（2）油圧ジャッキはパスカルの原理（圧力増加は静止流体内で均等）を利用している．

（3）たとえば，持ち上げる方の面積が押す方向の面積の10倍だと，押す力が10倍増幅される．ただし，10cm持ち上げるためには合計1m押し込む必要がある．

　ここでちょっと寄り道をします.

　パスカルの原理を導くとき，もともと釣り合っていた流体に対しさらに圧力を加えるとどうなるかを考えました．ここではもともとの力の釣り合いを右の図に

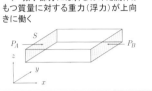
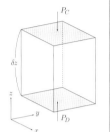

**静止流体中の物体に働く力**

- 微小な直方体の物体（図）
- 水平方向の力のつり合い
  P_A×S = P_B×S → P_A＝P_B
- 鉛直方向の力のつり合い
- P_D × S = P_C × S＋(ρSΔz) × g
- P_D × S － P_C × S = (ρSΔz) × g
  → 微小部分には押しのけた流体がもつ質量に対する重力（浮力）が上向きに働く

示す微小直方体（ただし底面は水平）について考えてみます.側面に働く力は，圧力による力だけなので，どの面でも同じですが，上面と下面に働く力の釣り合いを考えるときには，鉛直下方に働く重力を考慮する必要があります.すなわち，下の面に働く力は上の面に働く力と微小直方体内の流体が受ける重力の和になります．この部分の流体の質量は流体の密度（微小部分なので一定値 $\rho$ とします）に流体の体積 $S \times \Delta z$ をかけたもの（$S$ は底面積）です.したがって図の記号を用いると

$$P_2 \times S = P_1 \times S + \rho \times (S \times \Delta z) \times g$$

となります．ここで $g$ は**重力加速度**で，地表ではおよそ $9.8\mathrm{m/s^2}$ という値をもちます．これから

$$P_1 - P_2 = -\rho g \Delta z \tag{1}$$

が得られます．左辺は微小な圧力差なので $\Delta P$ と記すとこの式は

$$\Delta P / \Delta z = -\rho g \quad \text{または} \quad dP/dz = -\rho g \tag{2}$$

と書けます．右の式は高さを無限に小さくしたときの式で微分を含んだ式になっています.

気象でよく耳にする大気圧（地上で1気圧）について，考えてみます.

ガリレオ・ガリレイの弟子であるトリチェリは下記のような実験を行いました**（トリチェリの実験）**. 大きな容器に

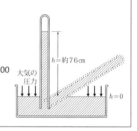

**トリチェリの実験**

- 水銀の容器に水銀で満たしたガラス管を斜めに立てる. ガラス管を垂直に起こしていくと図のようになる.
- このことから高さh=0.76mの水銀柱による圧力と大気圧が等しい(=P)ことがわかる.
- ガラス管の断面積をSとすると，水銀柱の体積はSh，水銀の密度は 13600kg/m³ であるため
- PS=13600Sh×g
  → P=13600×0.76×9.8=101300 (Pa)= 1013(hPa)
  （Pa：圧力の単位でパスカル）

水銀を溜め，また細くて長いガラス管にも水銀を満たし斜めに入れます. なぜ水銀を使ったかというのはあとでわかります. このガラス管を徐々に起こして垂直にするとガラス管の水銀は下がりガラス管の上部に真空部分をつくります. 容器の水銀面とガラス管の水銀面の高さの差を測ると約76cm＝0.76m であることがわかりました.

図においてガラス管の上面の圧力は上部が真空なので0です. 一方，容器の水銀面の高さの位置でのガラス管面の圧力は大気圧と等しくなります. 式（1）で $P_2$ を大気圧と考え，$\Delta z$（$=h$）を水銀柱の高さと考えると

$$0 - P_2 = -\rho gh \qquad すなわち \qquad P_2 = \rho gh$$

より大気圧が求まります. ここで水銀の密度 $13600\mathrm{kg/m^3}$，$g=9.8\mathrm{m/s^2}$，$h=0.76\mathrm{m}$ を代入すると

$$P_2 = 101300 \quad \mathrm{pa}$$

となります. ここで pa とは圧力の単位で**パスカル**といいます. 1パスカルとは単位面積（$1\mathrm{m^2}$）に1**ニュートン**の力を与える圧力です. ただし，1ニュートン（1N）とは質量1kg の物体に $1\mathrm{m/s^2}$ の加速度を生じさせる力のことですが，このままだとピンとこないかもしれません. 日常で1キログラムという物体の重さは，手に持った感覚でわかります（物理では1kg重といいます）. この物体を落とすと $9.8\mathrm{m/s^2}$ の加速度を生じるため1キロの重さは9.8N になります.

パスカル単位では大気圧の値が大きくなりすぎるため気象では 100 を単位として，$P_2$＝1013hpa（**ヘクトパスカル**）とします．

　なお，トリチェリは比重の大きな水銀（＝13.6）を用いたため $h$＝0.76m になりましたが，実験でもし水を用いたらその 13.6 倍の長さのガラス管（約 10m）を使う必要があったことがわかります．

　空気の密度は 1 気圧でおよそ 1.29kg/m³ です．そこで式(2) で $h$＝1m とすると

$$\Delta P＝-9.8 \times 1.29\text{pa}＝-12.64\text{pa}$$

となります．すなわち地上から 1m 上がると気圧は 12.64pa 下がります．もし空気の密度が上空まで一定だとすれば大気の厚さ $H$ は

$$H＝101300/12.64 \sim 8000\text{m}$$

となります．しかし，たとえばエベレスト（8848m）の頂上は空気は薄くても真空ではありません．これは大気の密度が一定ではなく上空ほど小さくなることを意味しています．（式(2) を，圧力と密度を関連付けて解くと指数関数の解が得られるため，密度は指数関数的に減少します．）

　気象の話が出たついでに**低気圧**と**高気圧**の話をしておきます．

　あとで何回も出てきますが，流体は圧力の差があれば，他に力が働かない限り，圧力の高い方から低い方に向かって流れます．水のように密度が変化しないような流体（空気で

---

### 低気圧と高気圧

- 気圧に差があると流れ（風）が発生
- 高気圧は周囲より圧力が高い場所
- 低気圧は周囲より圧力が低い場所
（注意：1 気圧を基準にしていない）
- 低気圧は周囲から空気が流れ込む
　　→　上昇気流が生じる

---

あっても条件によっては密度が変化しないとみなせます）では，運動に重要なのは圧力そのものではなく圧力差です．パイプで入口を 2 気圧，出口を 1 気圧とするとこの 1 気圧の差によってパイプ内に流れが生じます．たとえ入口が 1000 気圧であっても出口が 1000 気圧だと流れは生じません．入口が 1001 気圧で出口が 1000 気圧だと，2 気圧と 1 気圧の場合と同じ流れになります．

　こういった性質から，低気圧とは周囲よりも気圧の低い部分，高気圧とは

周囲より気圧の高い部分のことをいいます．1 気圧より高いとか，低いとかは空気の流れ（すなわち風）とは関係ありません．低気圧の場合，等圧線を描くと下の図の左のように閉じた曲線になり，中心に向かって気圧が下がります．そうすると中心に向かって周囲から空気が吹き込んできます．周囲の方が面積が大きいので，中心に向かって風は強くなります．一方，下側は地面なのでもぐりこむことはできないため，図の右に示すように空気は中心付近で上向きに向きを変えます．まとめれば，低気圧は中心付近で強い上昇気流を生じます．一般に上空ほど気温が低くなっているため，空気が水蒸気を含んでいる場合，上空で凝結して雲になります．さらに水分が補給されると雨になって地上に落ちてきます．これが低気圧があると天気が悪い理由です．

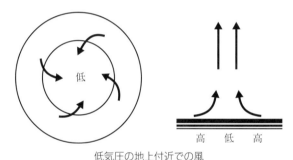

低気圧の地上付近での風

　一方，高気圧では中心から外部に向かって空気が吹き出します．まわりの面積は大きいため風はそれほど強くありません．中心部では外に出た空気を補うように上空から空気が供給されます．すなわち，高気圧付近では下降気流が生じます．地表ほど気温は高いので，たとえ上空で湿度が 100％であっても地表に近づくほど湿度は低くなります．すなわち，雲は消えてしまいます．これが高気圧があると天気がよい理由です．

（本題に戻ります．）

## ▌流体の運動 ···········································································

### 運動する流体と流線

- 流体が流れているとき, 流体中の各点で流速ベクトル（速さに比例した矢印）が描ける.
- 流速ベクトルを連ねた線を流線という. 定義から流れは流線に沿って流れ, 流線を横切ることはない.

流速ベクトル　　　　　流線

ここからは運動する流体について考えてみます.

流体が流れているとき, 流体の各点において**流速**が定義できます. 流速は向きと大きさをもったベクトル量なので矢印で表示できます. 矢印の方向は流れの向きで, その長さは流速の大きさに比例するように描きます. 図に示したように流体内にある点をとって流速ベクトルの矢印を表示し, 矢印の先端でまた流速ベクトルを表示するといったことを続けていくと一本の折れ線が得られます. 矢印の長さを十分に短くとると折れ線は曲線に近づきますが, この曲線のことを**流線**といいます. 流線が与えられたとき曲線上で接線を描けば, それは流れの方向を向いています. 流線の出発点を変化させることにより流体内に何本も流線が描けます. 流線の定義から, 流れは流線を横切ることはなく流線に沿って流れます.

### 流管

- 空間内に任意の閉曲線Cを考え, 閉曲線上の各点を出発する流線を描くと管ができる. この管を流管という.
- 定義より流れは流管内を通過し, そこから流れ出ることはない.

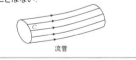

流管

次に**流管**について説明します. 空間内に任意の閉曲線を考え, 閉曲線上の各点から出発する流線を考えます. そうすると図に示すように1本の管ができます. この管の側壁は流線でできているため, 流管内にある流体は流管の外に流れ出ることはありません. いいかえれば, 流管は固体でできたパイプのようにふるまいます. 時間的に変化しない流れを**定常流**といいますが, 定常流では流管は時間的に変形しません. もちろん定常流であっても一般に流管の太さは場所によって変化します. 一方, 定常でない流れでは流管の形は時々刻々変形することになります.

## 流管内の1次元流れ

- 流管内を流管に沿って流れる時間的に変化しない流れ（定常流）を考える.
- 流れは流管に沿う方向のみに変化する（1次元流れ）とする.

以下，当分の間，流管内の定常流を取り上げます．流れ，したがって流速や圧力は流管に沿って変化しますが，流れ方向に垂直な断面内では変化しないとします．このような流れを，流れ方向に変化する**1次元流れ**といいます．断面内でも変化する流れは2次元流れや3次元流れになりますが，今のところ考察しません.

さて，こういった流管内の流れを考える上で重要な働きをするのが，**質量保存則とエネルギー保存則**です．その他の重要な法則に**運動量保存則**がありますが，最初に述べた疑問に答えるときにはこの法則は不必要です．はじめに質量保存則について説明します.

## 質量保存則

- ある時刻で流管内のABを占めていた流体がΔtの後にA'B'に移動したとする. 質量保存則からどちらの質量も同じになるがA'B部分は共通なので
- (AA'の質量)=(BB'の質量)が成立. したがって
- $\rho_A \times (A_A \times v_A \, \Delta t) = \rho_B \times (A_B \times v_B \, \Delta t)$ より
- $\rho_A \times A_A \times v_A = \rho_B \times A_B \times v_B$ AとBは任意
- $\rho A v$＝密度×断面積×流速＝一定 → 密度一定なら細い部分で流速大

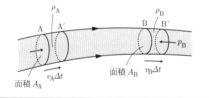

図に示すように始めに流管の $AB$ を占めていた流体が微小時間後に流管 $A'B'$ を占めたとします．定常な流れであるため流管の形は変化しません．そこで $AB$ にあった流体の質量と $A'B'$ の質量は同じはずです．（もし同じでなければ流体が流管から流出入したり，中で消滅したり生成されたりするので仮定に反します．）一方，図において $A'B$ の部分は共通なので，$AA'$ にある流体の質量と $BB'$ にある流体の質量は等しくなります.

$A$ にあった流体の密度を $\rho_A$，（流管に沿った）速度 $v_A$，断面積を $S_A$，$B$ にあったそれらを $\rho_B$，$v_B$，$S_B$ として，まず $AA'$ 部分の質量を考えてみます．質量は密度×体積で，体積は断面積×高さ，さらに高さは $\Delta t$ 間に流体が進んだ距離 $V_A \Delta t$ なので，この質量は $\rho_A S_A V_A \Delta t$ です．同様に $BB'$ の質量は

$\rho_B S_B V_B \Delta t$ です．質量保存から両者は等しいため，共通の $\Delta t$ で割って

$$\rho_A S_A V_A = \rho_B S_B V_B$$

が得られます．場所はどこでもよいので上の式は $A$ や $B$ がどこにあっても成り立ちます．すなわち，流管のある点における密度を $\rho$，断面積を $S$，流速を $V$ とすれば

$$\rho S V = 一定 \tag{3}$$

という式が得られます．これが質量保存を表す式です．

　この式から水のような密度一定の流体の場合には断面積と流速は反比例することがわかります．すなわち，断面積が小さい場所では流速が大きく，断面積が大きい場所では流速は小さくなります．ホースの先端をつまんで断面積を小さくすると水が勢いよく出ることは日常経験しますが，それは質量保存が成り立っているからです．

　流れ場に，遠方で間隔が等しいような流線を描いた場合，着目点近くで流線の間隔が狭くなっているとします．このとき質量保存から流速は大きくなっています．逆に流線の間隔が広い所では流速は小さくなっています．このことは流線を見て流れ場を解釈するとき役に立つ事実です．

---

**仕事とエネルギー**

- 仕事とは力と距離の積
- 例：圧力 P に逆らい面積 S の面が距離 L 移動
- →(P×S)×L＝P×m／ρ の仕事が必要
  質量(m)＝密度(ρ)×体積(S×L)
- 例：重力に逆い質量 m の物体を h 持ち上げる
- →m×g×h の仕事が必要 (g：重力加速度)
- mgh 位置エネルギー
- 運動エネルギー $\frac{1}{2}mv^2$

---

　次に**エネルギー**の話をしますが，その前に**仕事**とエネルギーの復習をしておきます．

　まず，仕事とは力と距離の積です．もう少し正確にいうと，力は向きをもっているため，力×（力の方向に動いた距離）です．たとえば，流体内に面積 $S$ の面を考え，この面は圧力 $P$ で押されているとします．この面に垂直な方向に，圧力に逆らって距離 $L$ だけ面を動かしたときの仕事は，面に働く力が $PS$ で，圧力の方向は面に垂直なため $PSL$ となります．このとき体積 $SL$ の流体を動かしたことになり，その流体の質量を $m$，密度を $\rho$ とすれば $m=\rho SL$ すなわち $SL=m/\rho$ なので，板がなした仕事 $E_1$ は，質量

と圧力と密度を使えば

$$E_1 = Pm/\rho \tag{4}$$

となります.

　次に別の仕事を考えます. 地面にあった質量 $m$ の物体を鉛直上方に距離 $h$ だけ持ち上げたとき, 物体がなした仕事 $E_2$ は, 物体に働く力が $mg$ であるため

$$E_2 = mgh \tag{5}$$

となります. なお, この定義から物体を水平方向に動かしても, 重力は水平方向に働かないため仕事は 0 です.

　高さ $h$ にある物体 $A$ と地表にある $A$ よりわずかに軽い物体 $B$ をひもで結び, その間に摩擦のない滑車をつけると, 物体 $A$ は非常にゆっくり地表に落ちるとともに物体 $B$ は高さ $h$ まで上にゆっくりもちあがり物体 $A$ によって仕事をされることになります. いいかえれば高さ $h$ にある物体は $mgh$ だけ仕事をする能力をもっていることになります. この能力を, 高さ $h$ にある物体は**位置エネルギー** $mgh$ をもっていると表現します.

　物体 $A$ にひもをつけずに落とすと勢いよく地表に達します. そのときの速度を $V$ とすると, 物体は速度 $V$ を得た代わりに位置エネルギーを失ったことを意味します.

　速度 $V$ で運動する物体を板にあてると板を動かすことができます. すなわち運動する物体は仕事をすることができるため, エネルギーをもっていると考えられます. このエネルギーを**運動エネルギー**といいます. 質量 $m$ で速度 $V$ の物体（流体の塊）がもつ運動エネルギー $E_3$ は以下の考察から

$$E_3 = \frac{1}{2}mV^2 \tag{6}$$

であることがわかります.

　いま, 質量 $m$, 速度 $V_B$ の物体が微小時間 $\Delta t$ の間に仕事 $E_4$ をした結果, 速度 $V_A$ になったとします. その時間内に物体が距離 $L$ 動いたとすると, 物体は平均速度 $(V_B + V_A)/2$ で動いているとみなせるため, $L = (V_B + V_A)/2 \times \Delta t$ が成り立ちます. 一方, 後述のニュートンの**第 2 法則**から $F = ma$ と

いう関係があります．ここで $a$ は加速度（微小時間内の速度変化）で，今の場合では $(V_B - V_A)/\Delta t$ です．したがって，

$$
\begin{aligned}
E_4 &= FL \\
&= m(V_B - V_A)/\Delta t \times (V_B + V_A)/2 \times \Delta t \\
&= \frac{1}{2}mV_B^2 - \frac{1}{2}mV_A^2
\end{aligned}
$$

となります．運動エネルギーは速度 $V$ の物体が速度 0 の物体に対してもつエネルギーであるため，式(6) が成り立ちます．

---

### エネルギー保存則

- 仕事をなした分，エネルギーは減る
- なした仕事とエネルギーの和は一定
- $mp/\rho + \frac{1}{2}mv^2 + mgh =$ 一定
- 質量保存から $m$ は一定
- → $p/\rho + \frac{1}{2}v^2 + gh =$ 一定

---

エネルギー保存則は仕事もエネルギーとみなしたとき，ある物体のもつエネルギーが保存されるという法則です．いいかえれば，ある物体がエネルギーをもっているとき，仕事をすることができますが，仕事をした分だけエネルギーが減る，すなわち，なした仕事とそのとき持っているエネルギーの和はいつでも一定であるという法則です．なお，エネルギーはいろいろな形をとりますが，前述の運動エネルギーと位置エネルギーの和を力学的エネルギーといいます．

たとえば水平な床の上をボールを転がすといつかは止まりますが，水平面上ではボールの位置エネルギーは変化しません．止まったため運動エネルギーは失っていますが，その原因はボールと床の間に摩擦があり，摩擦に対して仕事をするためです．床が得たエネルギーは熱になるため，**熱エネルギー**といいます．今回は，流管内の定常な 1 次元の流れを考えますが，さらに流体間に働く摩擦（これを**粘性**といいます），すなわち熱エネルギーが無視できる流体（これを**完全流体**といいます）を取り扱うことにします．

このとき，流管のある部分を占めていた質量 $m$ の流体に対してエネルギー保存則を適用してみます．なした仕事と力学的エネルギーの和は流体が流管の中を移動しても変化しないので，式(4)，式(5)，式(6) から

$$mp/\rho + mgh + \frac{1}{2}mv^2 = \text{一定}$$

となります（大文字と小文字は区別せず用いています）．質量保存則から運動中に $m$ は変化しないので，上式は流管内で

$$p/\rho + gh + \frac{1}{2}v^2 = \text{一定} \tag{7}$$

と書けます．

---

**エネルギー保存則**

密度が一定ならば，流線（流管）に沿って

$$p + \frac{1}{2}\rho v^2 + \rho gh = \text{一定}$$

（ベルヌーイの定理）

流速小 → 圧力大　　流速大 → 圧力小
例：ホースをつまむと手前が膨らむ

---

特に水のように密度が一定の場合には，式(7) は

$$p + \frac{1}{2}\rho v^2 + \rho gh = \text{一定} \tag{8}$$

となります．式(7),(8) を**ベルヌーイの定理**とよんでいますが，完全流体の運動を議論するとき基礎になる式です．

　ベルヌーイの定理から，流速の大きいところでは圧力が低く，流速の小さいところでは圧力が高くなることがわかります．たとえば，変形しやすいホースで水をまくとき，先端を押さえると勢いよく水がでますが，押さえる手前では流れにくくなって流速が小さくなる結果，圧力が増加してホースは少し膨らみます．

---

**ベルヌーイの定理の応用**
**（トリチェリの定理）**

・タンクに穴があいているときの流出速度
・液体面と穴の鉛直距離 h

$$p_\infty + \rho_0 g(H+h) = p_\infty + \frac{1}{2}\rho_0 v^2 + \rho_0 gH$$

$$v = \sqrt{2gh}$$

$$h = 2.5\ \mathrm{m} \quad v = 7\ \mathrm{m/s}$$

---

　ベルヌーイの定理の応用として，大きなタンクの側面に小さな穴があいた場合に穴から噴出する流体の流速を求めてみます．

　穴から噴出する流体は，タンクの中にある流管の中をとおってきます．その流管内の流体にベルヌーイの定理を適用してみます．まず流管の出入り口ではどちらも大気圧 $p_\infty$ がかかっています．流速は出口では $v$ としますが，入口では液体面が大きいた

め, ほぼ 0 になります. 穴の位置は水面から $h$ であったとします. このとき, 穴が地面から $H$ (あとでわかりますがこの $H$ は結果に関係しません) にあるとすれば水面の位置は $H + h$ になります. これでベルヌーイの定理を使う準備ができました. 式(8) を入口と出口で書くと

$$p_\infty + \frac{1}{2}\rho v^2 + \rho g H = p_\infty + \rho g(H + h)$$

となり, これから $v$ が求まり

$$v = \sqrt{2gh} \tag{9}$$

すなわち, 噴出速度は (重力加速度×穴と水面の距離の 2 倍) の平方根になります (**トリチェリの定理**). たとえば, $h = 2.5$m として $v$ を計算すると

$$v = \sqrt{2 \times 9.8 \times 2.5} = \sqrt{49} = 7\,\text{m/s}$$

となり, 100m を 14 秒で走る程度の速さです.

## ❷飛行機の流速

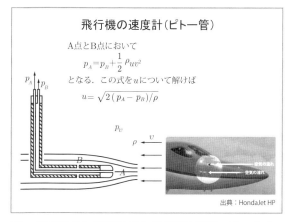

飛行機の速度計(ピトー管)

A点とB点において
$$p_A = p_B + \frac{1}{2}\rho u v^2$$
となる. この式を $u$ について解けば
$$u = \sqrt{2(p_A - p_B)/\rho}$$

出典：HondaJet HP

ベルヌーイの定理を用いると飛行機の速度計の原理がわかります. 飛行機の速度計は**ピトー管**といい, 図に示すような単純な構造になっています. 要点は先端がまるまった 2 重の細い管になっていて, 先頭部分と側面の圧力差を測る機器です. なお, 2 つの管の出口を, たとえば $U$ 字形の管にはいった水銀柱につなぐと水銀面の高さの差によって, 圧力差が測れます.

ピトー管の先端の圧力を $p_A$, 側面の圧力を $p_B$ とします. ピトー管の先端では流体はピトー管に対して相対的に静止します ($v = 0$). 一方側面では (ピ

トー管が静止している座標系では）飛行機と同じ速度 $v$ の空気が流れています．空気はほぼピトー管に沿って流れるためピトー管の先端を通る流管（太さが 0 の極限で流線）に対してベルヌーイの定理を適用してみます．高さは同じなので打ち消しあってベルヌーイの定理には現れないので式(8) は

$$p_A + 0 = p_B + \frac{1}{2}\rho v^2$$

となり，これから

$$v = \sqrt{2(p_A - p_B)/\rho}$$

が得られます．すなわち（圧力差の 2 倍を密度で割った量）の平方根が飛行速度になります．

### ❸ボールを回転させるとカーブする

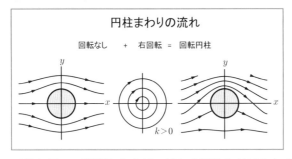

　次にボールが回転するとカーブするメカニズムについて考えてみます．これもベルヌーイの定理から理由がわかります．なお，回転する円柱を用いて説明しますが，球と本質的な差はありません．また，円柱に固定した座標系で考えることにします．このとき円柱が左に運動しているならば，流れは左から右に流れているとみなせます．

　流速はベクトル量なのでベクトル的な足し算ができます．回転している円柱のまわりの流れは，図に示すように（回転なしの静止円柱に一様な流れがあたっている状態）と（一様な流れがなく円柱とともにまわっている状態）の和と考えられます．

　いま，円柱が時計回りに回転しているとすれば，円柱上面では 2 つの流れの向きは同じで増速され，下面では 2 つの流れの向きは逆であるため減速されます．流線で流れ場を表示したとき図のようになることが理解されます．

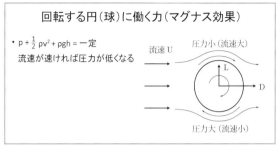

さきほども述べたようにベルヌーイの定理から流速の大きいところでは圧力は低く，流速の小さいところでは圧力は高くなります．した

がって，図に示すように流れが左からあたっていて（ボールが右から左に飛んでいて），ボールが右回転（時計回り）していると図では上向きに力が働きます．スライドが上から見た図だとするとボールは進行方向に対して右カーブすることになります．このように回転する円柱や球に流れに向かって直角に力が働く効果を**マグナス効果**とよんでいます．実際の野球ボールには縫い目があり，あとで述べますが，わずかな縫い目でも働く力が大きく変化することがあるため，事情は複雑になりますが，基本的にはボールがカーブするのはマグナス効果のためです．

## ❹重い飛行機が空を飛べる

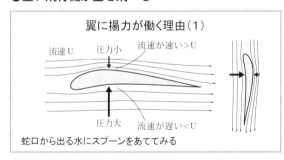

次に飛行機が空を飛べる理由を考えてみます．飛行機が空を飛び続けるためには重力に逆らう方向に力が働いている必要があります．この

力を**揚力**といいます．揚力が得られる理由は**翼**の形にあります．翼にはいろいろな形状のものがありますが，共通して言えることは，魚の縦断面のように先端がまるく後方がとがった断面をしています．そのような形をとることで，**迎角**（翼面が流れの方向となす角度）があまり大きくない限り，流れは翼面に沿ってきれいに流れることになります．

　図に示すように先端にあたった流れは2つに分かれて翼面に沿って流れ後端で合流します．図のような翼の場合に上の方が距離が長いので上面の速

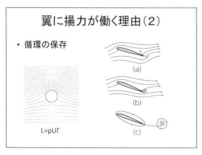

さが大きくなることによって後端で流れは滑らかに合流します．翼の形状が上下対称であっても迎角が0でなければやはり上面に沿う距離が長くなります．いずれにせよ上面の速度が大きいためベルヌーイの定理から圧力が低くなり，下面の速度は小さいため圧力が高くなります．その結果，上向きの力（揚力）が働きます．

　揚力を得るためには空気に対して速度をもつ必要があるため，飛行機は動き続ける必要があります．そのためジェットエンジンやプロペラで推力を得ます．

**翼に揚力が働く理由（2）**

・循環の保存

(a)

(b)

L=ρUΓ

(c)

　実は揚力が働くのはマグナス効果の結果であるとも考えられます．翼の上面の速度が大きいのは，ある意味で翼の周りに回転する流れ（図では右回りの流れ）が生じているためです．その結果，マグナス効果が働くとともに，翼に沿った流れは後端で滑らかにつながることになります．

　実際，飛行機が離陸するとき図に示すように翼後端から反時計まわりの渦が放出されます（**翼端渦**）．もともと渦がなかったところに渦が発生するため，それを打ち消すように翼にも時計回りの渦が発生します．この結論は完全流体を解析することにより分かるのですが，高度になるため省略します．これが先ほど述べた翼周りの回転流れとなります．

　なお，詳しい解析（Part II参照）によれば翼に働く揚力は$\rho U \Gamma$（$\rho$：密度，$U$：流速，$\Gamma$：循環）となります．**循環**は上に述べた翼回りの流れの回転の強さを表します．この結果から揚力は飛行速度に比例するため，飛行機の速度を上げれば上向きの力が増加する結果，飛行機の高度は上がることになります．

ここでちょっと寄り道をして，翼に揚力が働く理由をニュートンの力学の法則にもどって説明することにします．ニュートンは力学に関して次の3つの法則を発見しました．

①**慣性の法則**（第一法則）

②**運動の法則**（第二法則）

③**作用反作用の法則**（第三法則）

### ニュートンの運動法則

- 第一法則（慣性の法則）
- 第二法則（運動の法則）
- 第三法則（作用反作用の法則）

まずこれらについて簡単に説明します．慣性の法則は，**等速直線運動**する物体は外から力を加えない限りそのまま等速直線運動を続けるというものです．したがって，力が働かない限り，動いている物体は止まることはなく，静止している物体は動き出しません．

運動の法則は力と加速度の関係です．物体の**質量**を$m$，**加速度**を$a$，**力**を$F$とすれば，有名な$F=ma$という関係が成り立ちます．逆に力とは物体に加速度を生じさせるもの，質量とは物体の動きにくさを表す定数（$m$が大きいと同じ力であれば加速度は小さい）と考えることもできます．

作用反作用の法則は，物体$A$が物体$B$に力を及ぼしているとき，物体$B$は物体$A$に同じ大きさで逆向きの力を及ぼすという法則です．たとえば手で机を押すと，机は同じ大きさの力で手を押し返します．

このニュートンの3つの法則を使うと翼に揚力が働く理由が簡単にわかります．流れは翼に沿って流れるということは，翼の存在によって流体粒子の集まりである流れの向きが図では下向きに変化することを意味しています．運動の第二法則から，流れの向きが下向きに変化するということは，翼が流れ（流体粒子）に下向きに力を及ぼした結果であると考えられます．したがって第三法則から逆に流れは翼に上向きの力を及ぼすことがわかります．これが揚力です．

### 翼に揚力が働く理由

- 翼面上では空気は滑らかに（剥離せず）流れている．
- 翼面の存在により流れが下向きに変化
  → 流れが物体から下向きに力を受けた
- 物体は流れから上向きの力（揚力）を受けている．

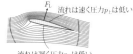

$F_L$　流れは速く圧力$p_\mathrm{U}$は低い

流れは遅く圧力$p_\mathrm{L}$は低い

（本題に戻ります．）

---

**完全流体の流れのまとめ**

ベルヌーイの定理（エネルギー保存）

$$p + \frac{1}{2}\rho v^2 + \rho gh = 一定$$

- 流速が速いところで圧力が低くなる
- 速度計（ピトー管）は圧力差を利用
- ボールを回転させると速度差が生じ進行方向に垂直に力が働く
- 揚力は翼の上下の面の速度差（圧力差）により生じる

---

いままで，流体の粘性を考えない完全流体の流れを考えてきました．ここで，一旦まとめてみることにします．

完全流体では流管（流線）に沿って，ベルヌーイの定理（エネルギー保存則）

$$p + \frac{1}{2}\rho v^2 + \rho gh = 一定$$

が成り立ちます．

したがって，流速が大ならば低圧，流速が小ならば高圧になります．

飛行機の速度は圧力差を計測できるピトー管で測ります．

ボールを回転させると曲がるのはボールの上下で速度差に起因する圧力差が生じるためです（マグナス効果）．

翼に揚力が生じるのも翼の上下面で速度差が生じるためです．

## ▌ 粘性流体の流れ ……………………………………………………

---

**完全流体理論の限界**

- 上下対称：上下方向の圧力は打ち消しあう
- 左右方向：円柱から見て流れは逆方向
- 一方，ベルヌーイの定理から速度は2乗の形

---

物体まわりの流れでも飛行機の翼まわりの流れのように流れが物体に沿う場合には，流体を，粘性を考えない完全流体と仮定しても，ある程度よい結果が得られます．一方，円柱などずんぐりした物体まわりの流れを考える場合には完全流体では全く不十分な結果しか得られません．

例として円柱まわりの流れを考えてみます．詳細は Part Ⅱ で述べますが，完全流体を仮定した場合の流線は，流れが円柱の左からあたっているとして，スライドの左に示したようになります．幾何形状から流線は上下対称になりますが，ポイントは左右対称にもなる点です．ベルヌーイの定理には速度は2乗の形で式に入っています．円柱の上半分に着目すると，そのうち左半分では流れは上向き，右半分では流れは下向きで符号は逆になっています．し

かし，2乗すれば同じ大きさの値になります．このことは左右で圧力分布は同じであることを意味しているため，結果として円柱は流れから力（抵抗）を受けないことになります．このことは明らかに日常経験に反することなので**ダランベールのパラドックス**といいます．

　なお，上流側遠方から出発して円柱の先端にぶつかった流体の塊の動きは，次のようになります．まず，はじめに塊がもっていた運動エネルギーは円柱にぶつかって静止することにより圧力に変わり，円柱前端で圧力が最大になります．下流との圧力差のため流体塊は速度を増しながら円柱に沿って流れ，円柱の上端で流速は最大になり，圧力は最小になります．今度はこの速度で，円柱の後端の圧力最大の場所に向かって圧力に逆らって流れ，後端に到達したとき静止します．なお，後端でも圧力が前端と同じく最大であることは，後端を出発して下流後方（一様流）に達する流線に対してベルヌーイの定理を適用すれば理解できます．

　以上のことは圧力を位置エネルギーと考えるとお椀を転げ落ちるボールにたとえられます．すなわち，お椀の上端（位置エネルギー最大）で静止していたボールは下に向かって転げ落ちながら加速し，お椀の底で速度が最大（位置エネルギーが最小）になります．さらにこの速度でお椀に沿って減速しながら運動を続け，お椀のもうひとつの上端に到達して止まります．

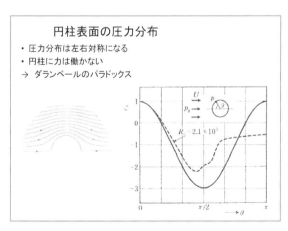

円柱表面の圧力分布
・圧力分布は左右対称になる
・円柱に力は働かない
→ ダランベールのパラドックス

　実際には流体に粘性があるため，お椀のアナロジーでいえばお椀には摩擦があるため，このようにはなりません．そこで以降，粘性について考えてみます．

　実在する流体では運動中に，流体塊の間の速度差があれば，それをなくすような力が働きます．これを**粘性力**といいます．粘性力が無視できる流体を完全流体ということは今まで何度も述べ

ましたが，粘性が無視できない流体を**粘性流体**といいます．実在する流体は
すべて粘性流体で，完全流体は議論を単純化するため導入された仮想的な流
体といえます．これは粘性を考えると極端に数学的な議論が難しくなるため
ですが，以降，数式を使わず直感的に粘性流体の運動の議論を行います．

---

### 流体の分類

- 実在流体は運動中に速度差をなくす向きに
  粘性力が働く.
- 粘性力が無視できる流体を完全流体, 無視
  できない流体を粘性流体という.

---

粘性力は流体間の速度差をなくす
ように働きますが，粘性力が速度
の変化（**速度勾配**）に比例するよう
な流体を**ニュートン流体**といいま
す．水や空気などほとんどの流体は
ニュートン流体であることは実験か
らもわかっていますが，高分子でで
きた流体などニュートン流体とみなせない流体（**非ニュートン流体**）も存在
します．

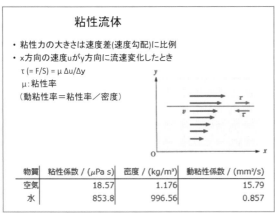

### 粘性流体

- 粘性力の大きさは速度差(速度勾配)に比例
- x方向の速度uがy方向に流速変化したとき

$$\tau\ (= F/S) = \mu\ \Delta u/\Delta y$$
$\mu$:粘性率
（動粘性率＝粘性率／密度）

| 物質 | 粘性係数 / ($\mu$Pa s) | 密度 / (kg/m³) | 動粘性係数 / (mm²/s) |
|------|------|------|------|
| 空気 | 18.57 | 1.176 | 15.79 |
| 水 | 853.8 | 996.56 | 0.857 |

ニュートン流体に
おいて粘性力と速度
差の間の比例定数を
**粘性率**といいます．
粘性率が大きいほど
粘性力が大きくなり
ます．なお，流体の
運動には粘性率より
も粘性率を流体の密
度で割った，**動粘性**

率の方が議論する上でわかりやすい量になります．動粘性率が大きい流れほ
ど，日常的な感覚では粘っこい流れになります．

　スライドに空気と水の粘性率と動粘性率を示します．もちろん，水の方が
粘性率が大きいのですが，空気に比べ水の密度がかなり大きいため，動粘性
率にすると空気は水に比べて 20 倍近くの値をもちます．このことは流体の
運動を考えるとき，空気の方が水より粘っこい流体としてふるまうことを意

味します.

レイノルズ数

- レイノルズ数 (Re) ＝ 慣性力／粘性力
   　　　　　　　 ＝ 速さ×長さ／動粘性率
- Reが同じ流れ:幾何形状が同じなら力学的も同じ
- 低レイノルズ数 → 粘い流体の流れ
- 高レイノルズ数 → 流れは層流から乱流(～2000)

粘性流体の流れを分類するとき,以下に述べる**レイノルズ数**（$Re$ と書きます）というパラメータが主要な働きをします.レイノルズ数は,流体を流そうとする慣性力とそれを引き留めようとする粘性力の比で,レイノルズ数が大きいことは慣性が勝り,レイノルズ数が小さいと粘性が勝ることになります.詳しい議論は省きますが,レイノルズ数は

$$Re = UL/\nu \tag{10}$$

と書けます.ここで $U$ は流れの代表的な速さ,$L$ は代表的な長さ,$\nu$ は動粘性率です.たとえば,一様流の中に円柱がある流れを考えると,$U$ は一様流の速さ,$L$ は円柱の直径となります.（実はレイノルズ数には任意性があるので,レイノルズ数といった場合,何を代表速度に,何を代表長さに選んだかをはっきりさせる必要があります.）

これも詳しい話は省略しますが,粘性流体の流れで外力を考慮しない場合には,基礎方程式にはレイノルズ数が唯一のパラメータとして現れます.したがって,幾何形状が同じ流れを調べる場合には,レイノルズ数が同じであれば力学的にも同一になり,同じパターンの流れになります（**レイノルズの相似則**）.

レイノルズ数で動粘性率が分母にあるということは動粘性率が大きいほど粘っこい流れということになりますが,粘っこい流れは粘性が大きいだけではなく $U$ が小さかったり,$L$ が小さかったりしても実現されます.（逆に $U$ が大きいとか $L$ が大きい効果は動粘性が小さい効果と同じです）.レイノルズ数の定義からは,完全流体とはレイノルズ数が無限大の流れになります.

流体現象を実験で調べるとき,模型を使って実験することがしばしばありますが,その場合,解析したい現象と模型実験におけるレイノルズ数を一致させないと全く違った現象を見ている可能性があることに注意が必要です.

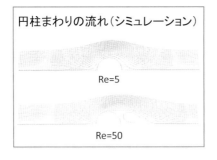

スライドは円柱まわりの流れに対してレイノルズ数を変化させたときのシミュレーション結果です.

**流れの特徴**

- レイノルズ数が小さいと流れは前後対称
  （ただし完全流体と違って円柱を引きずる力のため抵抗が生じる：ストークスの抵抗法則）
- レイノルズ数が大きくなると流れは円柱から剥離して，下流に渦をつくる
- レイノルズ数がさらに大きくなると下流部分の流れは乱れる
- ただし，剥離点の位置はあまり変化しない

以下に流れの特徴を述べます. レイノルズ数が小さいときは, 流線を見ると完全流体のように上下は対称であり, 前後も対称に近いものになっています. ただし, 粘性によって物体を引きずる力が生じるため, ダランベールのパラドックスは成り立たず, 抵抗を受けることになります. 詳しい解析によると抵抗は $6\pi\mu Ua$ ($\mu$：粘性率, $U$：一様流の速さ, $a$：円柱の半径) となりますが, これを**ストークスの抵抗法則**とよんでいます.

レイノルズ数が 5 を超えるあたりから流れは前後非対称になり, 円柱の後ろに小さな一対の渦（**双子渦**）ができます. この渦の存在する領域（**後流**といいます）はレイノルズ数の増加とともに下流側にのびていきます. ただし, レイノルズ数が 50 程度までは上下に対称な流れです. そして流れは時間的に変化しません. さらにレイノルズ数を上げると上下対称性がくずれ, 渦の大きさも大きくなったり小さくなったりして時間的に変化するようになります. レイノルズ数が 100 を超えると渦が円柱の上下から周期的に放出されるようになり, 円柱背後に渦列をつくるようになります. これを**カルマン渦列**といいます. レイノルズ数が 500 を超えると後流部分は乱れた流れ, すわわち**乱流**になります.

　ここでわれわれが日常目にする流れのレイノルズ数を見積もってみます．人が歩いている時，人の背後に渦ができますが，そのときのレイノルズ数は，歩く速さを1m/s，代表長さを人の幅0.5mにとると30000程度です．解析目標の飛行中のゴルフボールは，速度が50m/s，直径は0.04m程度ですのでレイノルズ数は125000程度になります．このようにわれわれが日常に目にする流れのレイノルズ数は大きいのが普通です．

　小さなレイノルズ数はスケールが小さいものの運動で実現されます．めだかの遊泳ではめだかの体長0.02m，速さ0.1m/s程度なので体長を代表長さにとれば2300程度，蚊の飛行では，幅0.01m，速さは0.44m/s程度なので280程度，ゾウリムシの遊泳だと体長0.0002m，速さ0.002m/sとして0.45程度になります．すなわち，レイノルズ数が小さいのはかなり特殊な現象といえます．

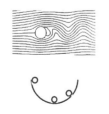
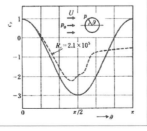
　円柱の後ろに渦ができる場合，円柱表面に着目すると中央より下流側のある点から流れが円柱から離れます．すなわち流れが**剥離**するため，この点のことを**剥離点**といいます．流れが剥離する理由

は先ほどのお椀の例で説明すると以下のようになります．すなわち，お椀の一方の端からボールを落とすと，お椀とボールの間に摩擦がなければもう一方の端まで登りますが，摩擦があると途中のある点で止まってしまいます．円柱まわりの粘性流れでも同じく円柱に沿って運動していた流体の塊は，粘性の影響で途中で勢いを失ってしまいます．お椀の内側のボールは下方に向かって逆もどりしますが，円柱の外にある流体はまわりの流体に引きずられて円柱から離れます．これが剥離の原因です．なお，剥離点より下流側で円柱のかげになる部分では流れはほとんど静止しています．詳しく見れば剥離した流れなどに引きずられて弱い循環流（渦）ができています．渦の中では圧力はほぼ一定になります．

　前ページのスライドのグラフは円柱表面の圧力を表示したもので円柱の上半分について描かれています．実線は完全流体の場合で，前端（0度）で圧力が最大で真ん中（前端から90度）では圧力が最小になり後端（180度）でもう一度最大になります．点線はレイノルズ数が21万のときの実測値です．120－180度で圧力が一定に近くなっており，120度あたりでこの変化が起きるため，この付近で流れが剥離しています．実線の圧力分布では90度をはさんで圧力分布が対称なため円柱には力が働きませんが，点線の圧力分布は非対称になり，その結果，円柱に抵抗が働くことがわかります．なお，実際の抵抗はこの圧力分布の非対称性に起因する抵抗と流体が円柱をひきずることによって働く抵抗の和となります．

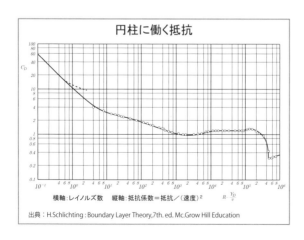

出典：H.Schlichting : Boundary Layer Theory,7th. ed. Mc.Grow Hill Education

このスライドは円柱に対する抵抗をレイノルズ数を変化させて測定した結果の図です．横軸はレイノルズ数，縦軸は抵抗係数です．ここで抵抗係数とは実際の抵抗を $\rho U^2$ で割った無次元の数であ

り，（レイノルズ数が同じであれば）値が流速によらないという特徴があります．なお，目盛りは対数目盛りになっています．

　レイノルズ数が 2 以下だと傾きが −1 の直線で，抵抗係数が $U^{-1}$，したがって抵抗に換算すると $U$ に比例し，ストークスの抵抗法則が成り立つ領域です．レイノルズ数が 1000 から 20 万程度の間は抵抗係数が一定の領域で，抵抗に直すと速度 $U$ の 2 乗に比例しています．これを**ニュートンの抵抗法則**といいます．このグラフで着目すべき点はレイノルズ数が 30 万あたりで抵抗係数が激減していることです（**ドラッグクライシス**ということがあります）．

**抵抗係数激減の理由**
・円柱の抵抗は主に剥離点の位置で決まる
・レイノルズ数が大きくなると円柱の後ろで流れが乱流になる
・ただし剥離するまでは円柱近くは層流
・レイノルズ数がさらに大きくなると円柱近くの部分まで乱流 → 剥離しにくくなる

層流境界層　　乱流境界層

　このようにレイノルズ数が激減する理由は以下のとおりです．レイノルズ数が大きくなると流れは例外なく乱流になります．ここで乱流とは文字どおり乱れた流れで速度の大きい流体塊や速度の小さい流体塊が不規則に入り乱れた流れです．その結果，流速の大きい流体塊の速度が減り，速度の小さい流体塊の速度が増して，流体塊の間に速度の平均化が生じます．

　壁の近くでは壁の影響で流体が動きにくく，粘性の効果が大きく効いて実質的なレイノルズ数は壁に近づくほど小さくなります．このような領域を**境界層**といいます．すなわち，壁の近くの境界層は乱流にはなりにくい層流の領域です．円柱まわりの流れでも同じで円柱表面近くの境界層は層流のまま剥がれます．しかし，レイノルズ数がさらに大きくなると境界層の中まで乱流になります（**乱流境界層**）．このとき境界層の外からエネルギーの大きな流体塊が入ってきます．すなわち境界層中の流体塊はエネルギーをもらうため剥がれにくくなります．その結果，剥離点は後方にずれ，そのため，抵抗が小さくなります．

## ❺ゴルフボールに凹凸がある理由

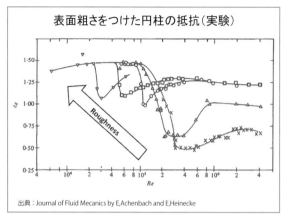

このことから，境界層部分を乱流にすることができれば抵抗を小さくできる可能性があります．このグラフは円柱の表面に凹凸をつけた場合の抵抗係数をレイノルズ数に対してプロットしたものです．何種類かのグラフを同時に表示していますが，左に行くほど凹凸が大きくなります．凹凸が大きいほど抵抗係数が激変するレイノルズ数が小さくなりますが，その一方で，落ち方がにぶくなることもわかります．

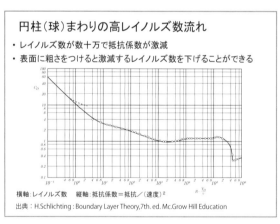

さきほど見たように飛行中のゴルフボールのレイノルズ数は12万程度なので，ニュートンの抵抗法則が成り立つ領域です．したがって，凹凸のないゴルフボールは大きな抵抗を受けることになります．一方，表面に凹凸をつけるとレイノルズ数が12万でも抵抗係数が激減する領域に入る可能性があります．

すなわち，ゴルフボールに凹凸があるのは表面を乱流にすることにより，抵抗を小さくするためです．いいかえればつるつるしたボールでは飛距離がのびないことになります．

以上，粘性流体の流れをまとめてみます．

粘性流れでは慣性力と粘性力の比であるレイノルズ数が大きな役割を果たします．

レイノルズ数が同じだと，流れも同じになります．

レイノルズ数が小さいときは粘性力が抵抗に関して支配的で，レイノルズ数が大きいときは剥離に関係する圧力差による抵抗が支配的になります．

またレイノルズ数が大きいときは流れは乱流になります．

ゴルフボールに凹凸があるのは乱流を利用するため，もう少し詳しくいうと凹凸により表面近くの境界層を乱流にして流れを剥がれにくくして抵抗を減すためです．

# ▌まとめ……………………………………………………………………

全体のまとめです．今回の話では，最初に油圧ジャッキのしくみを通して，パスカルの原理など，静止流体の力学について説明しました．基礎となるのは圧力と力の釣り合いです．次に流管内の運動している粘性が無視できる流体について議論しました．基礎になるのは質量保存とエネルギー保存であり，特に応用範囲の広いベルヌーイの定理について詳しく説明しました．ベルヌーイの定理は速度と圧力の関係式で，流速が大きいところでは圧力が低く，流速が小さいところでは圧力が高いことを示しています．

飛行機の飛行速度を計測するピトー管はベルヌーイの定理が原理になっていました．

ボールを回転させるとカーブするのもボールを回転させることによりボール上に流速の大きい（圧力の低い）部分と流速の小さい（圧力の高い）部分をつくり，その結果，圧力差によってボールの向きを変える力が生じたため

であることがわかりました.

　飛行機が翼によって浮くことができるのは，翼の形状によって上面の流速を大きく（圧力を低く）し，下面の流速を小さく（圧力を高く）することにより重力と反対方向の力を生み出すことができたからです.

　実在流体は必ず粘性をもっており，粘性の効果を考えないとダランベールのパラドックス（流体中におかれた物体には抵抗が働かない）は解決できませんでした.抵抗が生じるのは物体から流れが剥離する結果，物体前面と後面で圧力差が生じるためです.粘性の効果はレイノルズ数の大小で見積もることができ，レイノルズ数が小さいほど粘性の効果が大きく粘っこい流れになります.レイノルズ数は流れのパターンを決める非常に重要なパラメータで，レイノルズ数が大きいと流れは乱れ，乱流になります.

　ゴルフボールに凹凸があるのは，ボール表面にわざと乱流を作って流れが剥離する点を後流側にずらして全体としての抵抗を小さくするためでした.

# Part II
# 2次元渦なし流れと関数論

　今まで述べてきた流れの話をもう少し踏み込んで説明します．高校までの数学の知識をもっていれば十分に理解できる内容です．

## ▌偏微分と全微分 ·············································

　**偏微分**を使いますが，これは多変数の関数の微分に現れるもので，計算するには微分する変数以外のものを定数と考えて微分します．したがって，高校の微分の知識で十分です．たとえば関数

$$z = f(x, y) = -2x^2 + xy - 3y^2 + 2 \tag{1}$$

は2変数の関数ですが，$x$に関する微分（$x$に関する偏微分）と$y$に関する微分（$y$に関する偏微分）が考えられます．これらをそれぞれ$\partial z/\partial x$，$\partial z/\partial y$と記し，計算には，前者については$y$を定数とみなして$x$で微分，後者については$x$を定数とみなして$y$で微分します．その結果，

$$\frac{\partial z}{\partial x} = -4x + y, \quad \frac{\partial z}{\partial y} = x - 6y$$

となります．

　関数のグラフを描くには3次元の座標$(x, y, z)$を用意していろいろな$(x, y)$の点に対して$z$を計算します．その結果，一般に曲面が得られます．これは1変数の関数が曲線を表すことに対応します．図1は式(1)を図示したものです．

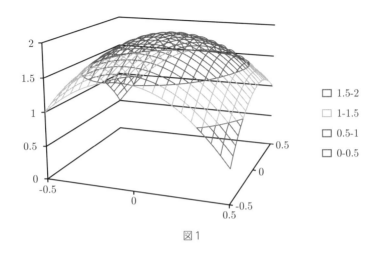

図1

　$x$に関する偏微分で$y$を一定に保つということは，$y$軸に垂直な平面と曲面との交線（曲線）を考えるということで，$x$に関する微分はこの曲線の接線の傾きを表します（図2）．同様に$y$に関する偏微分は$x$軸に垂直な平面と曲面の交線（曲線）の接線の傾きです．

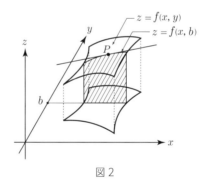

図2

　**全微分**$dz$は，$x$方向の微小長さ$dx$と$y$方向の微小長さ$dy$を用いて

$$dz = \frac{\partial z}{\partial x}dx + \frac{\partial z}{\partial y}dy$$

で定義されます．$z$が一定であれば，$x$に関する偏微分も$y$に関する偏微分も0であるため全微分も0です．

## 流体の 2 次元運動 ···········································

　偏微分に関する数学の話はここまでにして，密度が一定値をとる流体の 2 次元運動の話に移ります．われわれが住んでいるのは 3 次元空間ですが，流れがある特定の方向に変化しない場合を **2 次元流れ**といいます．たとえば，円柱に対して軸に垂直に流れが当たっているとき軸に垂直な断面では，断面をどこにとっても流れはすべて同じであると考えられます．このような流れは 2 次元流れであり，ひとつの断面における流れを考えれば十分です．そしてこの面上に $(x, y)$ 座標をとることにします．このとき，流速ベクトルは 2 次元ベクトルであり，$x$ 成分と $y$ 成分をもちます．それらをそれぞれ $u$ と $v$ と書くことにします．$u$ と $v$ は一般に時間により変化しますが，今後は簡単のため時間的に変化しない流れ（定常流）を考えます．すなわち

$$u = u(x, y), \quad v = v(x, y)$$

です．

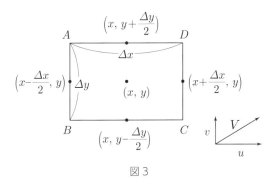

図 3

　図 3 に示すように流体内に $x$ 軸と $y$ 軸に平行な辺（それぞれ長さ $\Delta x$ と $\Delta y$）をもつ微小長方形を考えます．この長方形に微小時間 $\Delta t$ に流入する流体の体積（2 次元なので実際は面積ですが，奥行き方向が 1 であると考えれば体積）は

(1)（図の辺 $AB$ から $\Delta t$ 間に流入する体積）－（図の辺 $CD$ から $\Delta t$ 間に流出する体積）

(2)（図の辺 $BC$ から $\Delta t$ 間に流入する体積）－（図の辺 $AD$ から $\Delta t$ 間に流出する体積）

の和になります．（1）に関しては速度成分 $v$ は無関係で，流体は $\Delta t$ 間に

$u\Delta t$ 進むため,

$$\Delta y \times u(x - \Delta x/2, y) \times \Delta t - \Delta y \times u(x + \Delta x/2, y) \times \Delta t$$
$$= -\left(\frac{u(x + \Delta x/2, y) - u(x - \Delta x/2, y)}{\Delta x}\right)\Delta x\Delta y\Delta t$$

となります.同様に（2）に関しては速度成分 $u$ は無関係で,流体は $\Delta t$ 間に $v\Delta t$ 進むため,

$$\Delta x \times v(x, y - \Delta y/2) \times \Delta t - \Delta x \times v(x, y + \Delta 2, y) \times \Delta t$$
$$= -\left(\frac{v(x, y + \Delta y/2) - v(x, y - \Delta y/2)}{\Delta y}\right)\Delta x\Delta y\Delta t$$

となります.微小長方形内で流体が湧き出したり,吸い込まれたりしなければ,（1）と（2）を足したものは0になります.これは,密度が一定であれば体積一定と質量一定は同じ意味であるため,**質量保存法則**を意味しています.具体的に（1）と（2）を足して0とおき,共通項で割り算すれば

$$\frac{u(x + \Delta x/2, y) - u(x - \Delta x/2, y)}{\Delta x}$$
$$+ \frac{v(x, y + \Delta y/2) - v(x, y - \Delta y/2)}{\Delta y} = 0$$

が得られます.ここで,$\Delta x \to 0$,$\Delta y \to 0$ とすれば上式は

$$\frac{\partial u}{\partial x} + \frac{\partial v}{\partial y} = 0 \tag{2}$$

となります.式(2)は密度一定の流体の質量保存を表す式で**連続の式**とよばれています.

## ▌循環と渦度

　以上は微小領域における質量保存を考えるために辺に垂直な速度成分に辺の長さを掛けた量を考えました.次に辺に水平な速度成分に辺の長さを掛けた量（微小循環）を考えます.このとき,辺に沿って反時計回りに1周するとします.辺 $BC$ と辺 $CD$ はまわる方向と同方向なので,長さはそれぞれ $\Delta x$ と $\Delta y$ ですが,辺 $AD$ と辺 $AB$ はまわる方向と逆方向なので,長さをそれぞれ $-\Delta x$ と $-\Delta y$ とします.微小循環は定義から

$$u(x, y - \Delta y/2, y) \times \Delta x + v(x + \Delta x/2, y) \times \Delta y$$
$$+ u(x, y + \Delta y/2) \times (-\Delta x) + v(x - \Delta x/2, y) \times (-\Delta y)$$
$$= \left( \frac{v(x + \Delta x/2, y) - v(x - \Delta x/2, y)}{\Delta x} \right.$$
$$\left. - \frac{u(x, y + \Delta y/2) - u(x, y - \Delta y/2)}{\Delta y} \right) \Delta x \Delta y$$

となります．この量を微小長方形の面積 $\Delta x \Delta y$ で割って，$\Delta x \to 0$，$\Delta y \to 0$ とした量を**渦度**とよび $\omega$ と記します．すなわち

$$\omega = \frac{\partial v}{\partial x} - \frac{\partial u}{\partial y}$$

です．渦度は流体の微小部分の回転の強さを単位面積に換算した量と考えられます．流体の微小部分が回転していないときは，上式は

$$\frac{\partial v}{\partial x} - \frac{\partial u}{\partial y} = 0 \tag{3}$$

となります．

　今後は，式(2)と式(3)が同時に成り立つ流れを考えます．なお，式(2)は質量保存という普遍的な式（ただし密度は一定）ですが，式(3)はあくまで仮定です．ただし，流体に粘性がないときには満たされるため，主として完全流体（粘性が0の流体）を取り扱うことになります．

　式(2)と式(3)は2つの未知関数 $u, v$ に対する，別々の2つの方程式であり，連立させて解くことができます．実際，$v$ または $u$ を消去することができて

$$\frac{\partial^2 u}{\partial x^2} + \frac{\partial^2 u}{\partial y^2} = 0 \quad または \quad \frac{\partial^2 v}{\partial x^2} + \frac{\partial^2 v}{\partial y^2} = 0$$

という単独の2階偏微分方程式（**ラプラス方程式**といいます）に変形できます．

　しかし，ここでは別の取り扱いをするため，いったん数学の話に戻ります．

## ▍複素数の関数··················································································

複素数 $z$ とは2つの実数 $x$ と $y$ を**虚数単位** $i$ を用いて

$$z = x + iy$$

のように結びつけた数で，$x$ を実数部，$y$ を虚数部といいます．ここで，虚数単位 $i$ とは $i^2 = -1$ を満たす仮想的な数です．実際，すべての実数を2乗すると正または0になるため $i$ は実数ではありません．複素数の加減乗除を計算するときには $i$ を文字として取り扱い，$i$ の2以上のべきが現れた時には $i^2 = -1$ を用いて $\pm i$ または $\pm 1$ にします．$z$ の**共役複素数** $\bar{z}$ を

$$\bar{z} = x - iy$$

で定義します．$z$ と $\bar{z}$ を用いれば $x$ と $y$ は

$$x = \frac{z + \bar{z}}{2}, \quad y = \frac{z - \bar{z}}{2i} = \frac{-iz + i\bar{z}}{2} \tag{4}$$

となります．

複素数 $z$ の関数 $f(z)$ を考えます．実数部と虚数部に分ければ $x$ と $y$ を用いて

$$f(z) = u(x,y) + iv(x,y) \tag{5}$$

と書くことができます．ただし，$u(x,y)$ と $v(x,y)$ は実数の関数です．ここで，注意がひとつ必要です．2つの全く任意の2変数の関数 $U(x,y)$ と $V(x,y)$ を用いて $U(x,y)+iV(x,y)$ を作ったとしてもそれは一般には $F(z)$ にはなりません．実際，式(4) を参照すれば $F(z,\bar{z})$ の形になります．したがって，式(5) のようになるためには，$u(x,y)$ と $v(x,y)$ の間には何らかの関係が成り立つ必要があります．

次に $f(z)$ の微分を考えてみます．微分の定義は実関数の場合と同様

$$\frac{df}{dz} = \lim_{\Delta z \to 0} \frac{f(z+\Delta z) - f(z)}{\Delta z} \tag{6}$$

です．この極限値が存在するとき $f(z)$ は**微分可能**であるといいます．実数の場合と異なり $\Delta z = \Delta x + i\Delta y$ を0にするとき，$\Delta x$ と $\Delta y$ は無関係に0にできます．したがって，どのような近づけ方をしても式(6) は同じ値をとる必要があります．

式 (6) において $\Delta y = 0$ とします。このとき

$$\lim_{\Delta z \to 0} \frac{f(z + \Delta z) - f(z)}{\Delta z}$$
$$= \lim_{\Delta x \to 0} \frac{u(x + \Delta x, y) - u(x, y)}{\Delta x} + i \lim_{\Delta x \to 0} \frac{v(x + \Delta x, y) - v(x, y)}{\Delta x}$$
$$= \frac{\partial u}{\partial x} + i \frac{\partial v}{\partial x}$$

となります。次に，式 (6) において $\Delta x = 0$ とすれば

$$\lim_{\Delta z \to 0} \frac{f(z + \Delta z) - f(z)}{\Delta z}$$
$$= \lim_{\Delta y \to 0} \frac{u(x, y + \Delta y) - u(x, y)}{i \Delta y} + i \lim_{\Delta y \to 0} \frac{v(x, y + \Delta y) - v(x, y)}{i \Delta y}$$
$$= -i \frac{\partial u}{\partial y} + \frac{\partial v}{\partial y}$$

となります。この 2 つの式が等しいためには，実数部どうし，虚数部どうしを等しくおいて

$$\frac{\partial u}{\partial x} = \frac{\partial v}{\partial y}, \quad \frac{\partial v}{\partial x} = -\frac{\partial u}{\partial y} \tag{7}$$

である必要があります。式 (7) は**コーシー・リーマンの方程式**とよばれています。以上でコーシー・リーマンの方程式が，関数 $f(z)$ が微分できるための必要条件であることを示しましたが，実は十分条件であることも証明できます。微分可能な関数のことを**正則関数**といいます。

　まとめると，正則関数 $f(z)$ は実数部と虚数部はコーシー・リーマンの方程式を満たし，またコーシー・リーマンの方程式を満たす関数 $u(x, y)$ と $v(x, y)$ を用いて複素関数 (5) をつくれば，$f(z)$ は正則関数になります。

## ▌流れ関数と速度ポテンシャル

　ここで，流体に戻ります。基礎になる方程式は連続の式 (2) と渦なしの式 (3) です。

　渦なしの式 (3) は

$$u = \frac{\partial \phi}{\partial x}, \quad v = \frac{\partial \phi}{\partial y} \tag{8}$$

を満足する関数 $\phi(x, y)$ によって満足されます．このことは式(8) を式(3) に代入することにより確かめられます．この関数 $\phi$ は各方向に微分するとその方向の速度成分が得られるため，**速度ポテンシャル**とよばれています．

次に連続の式(2) は

$$u = \frac{\partial \psi}{\partial y}, \quad v = -\frac{\partial \psi}{\partial x} \tag{9}$$

を満足する関数 $\psi(x, y)$ によって満足されます．この関数 $\psi$ は**流れ関数**とよばれています．流れの中の速度ベクトルを矢印で表示し，その矢印の先端からまた速度ベクトルの矢印を描くということを続ければ折れ線ができますが，矢印の長さを短くすればするほどある曲線に近づきます．この曲線のことを**流線**といいますが，流線は流れ関数が一定値をとる曲線と一致します．なぜなら，流線上のある点における接線はその点での速度ベクトルに平行になるため，**流線の方程式**は

$$dy/dx = v/u \quad \text{すなわち} \quad udy - vdx = 0$$

です．この式は式(9) から

$$0 = \frac{\partial \psi}{\partial y}dy + \frac{\partial \psi}{\partial x}dx = d\psi \tag{10}$$

と書けます．すなわち，流線上では関数 $\psi$ の全微分が 0，すなわち $\psi$ が一定値をとることがわかります．

速度ポテンシャルを実数部，流れ関数を虚数部にもつ関数は以下の理由で正則関数になるため

$$f(z) = \phi(x, y) + i\psi(x, y) \tag{11}$$

と書けます．なぜなら，コーシー・リーマンの方程式

$$\frac{\partial \phi}{\partial x} = u = \frac{\partial \psi}{\partial y}$$

$$\frac{\partial \phi}{\partial y} = v = -\frac{\partial \psi}{\partial x}$$

を満たすからです．

したがって，任意の正則関数に対応する密度一定の 2次元渦なし流れが存在することになります．

式(11) を微分すれば，前述のように，$z$ で微分することは $x$ で偏微分することなので，

$$\frac{df}{dz} = \frac{\partial u}{\partial x} + i\frac{\partial v}{\partial x} = u - iv \tag{12}$$

となり，実数部は速度の $x$ 成分，虚数部は速度の $y$ 成分の符号を逆にしたものになります．これを**複素速度**といいます．式(11) の $f(z)$ は微分すると複素速度になるため，式(11) の $f(z)$ は**複素速度ポテンシャル**とよばれています．

## ▊ 各種流れ………………………………………………………………………………

ここでは，代表的な正則関数に対応する流れを調べることにします．

**❶** $f = z$

もっとも簡単な正則関数に $f(z) = z$ があります．この正則関数の表す流れは，

$$f = \phi + i\psi, \quad z = x + iy \tag{13}$$

とおくことによって調べることができます．このとき

$$\phi + i\psi = x + iy$$

であるため，流れ関数が求まり $\psi = y$ となります．したがって，流線は $y$ = const. であり，$x$ 軸に平行な直線です．ここで，流れ関数を $y$ で微分すると $u = \partial\psi/\partial y = 1$ となるため，流れは右を向いていることがわかります．したがって，式(13) は右向きの**一様流**を表します（図4）．

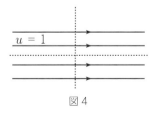

図 4

❷ $f = z^2$

式(13) を用いれば

$$\phi + i\psi = (x + iy)^2 = x^2 - y^2 + i2xy$$

より，流れ関数は $\psi = 2xy$ となります．したがって，流線は $xy = \text{const.}$ であり，直角双曲線です．さらに $x$ 方向速度 $u$ は $u = \partial\psi/\partial y = 2x$ となるため，$x > 0$ ならば右向きに流れになります．また $y$ 軸上では $u = 0$ であり，$v = -\partial\psi/\partial x = -2y$ なので，$x$ 軸上では $v = 0$ です．以上のことから，$f = z^2$ が表す流れは，図5に示すような流れになります．なお，上に述べたように，軸上では流れは軸を横切りません．すなわち，軸を壁面とみなせるため，$f = z^2$ は**直角をまわる流れ**と解釈できます．

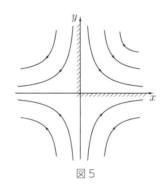

図 5

### ❸湧き出しと吸い込み

複素数 $z = x + iy$ は**極座標**（点の位置を表すために原点からの距離 $r$ と $x$ 軸とのなす角度 $\theta$ を用いる座標）を使えば

$$z = r\cos\theta + ir\sin\theta = r(\cos\theta + i\sin\theta) = re^{i\theta} \tag{14}$$

と表せます（**極形式**）．ただし，**オイラーの公式**

$$e^{i\theta} = \cos\theta + i\sin\theta \tag{15}$$

を用いています *.

　本項で考える正則関数は対数関数

$$f = \frac{b}{2\pi} \log z \quad (b：実数) \tag{16}$$

が表す流れ（本項と次項で，分母の $2\pi$ は便宜的なもの）ですが，座標として極座標 $z = re^{i\theta}$ をとるのが便利です．式(13)は式(16)から

$$\phi + i\psi = \frac{b}{2\pi} \log\left(re^{i\theta}\right) = \frac{b}{2\pi} \log r + \frac{ib}{2\pi}\theta$$

と書けるため，流れ関数は $\psi = b\theta/(2\pi) = $ 一定 で表せます．したがって，流線は原点をとおる直線です（図6）．

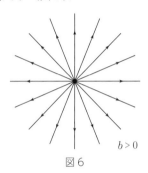

$b > 0$

図6

　なお，速度ポテンシャルは $r = \sqrt{x^2 + y^2}$ を用いれば

$$\phi = \frac{b}{2\pi} \log r = \frac{b}{4\pi} \log(x^2 + y^2)$$

であり，$x$ 方向の速度は

---

\* 　純虚数の指数関数をこのように定義すると，実数の三角関数や指数関数がもつ性質と矛盾しません．たとえば $e^{ix}$ を指数関数として $x$ で微分すると，$ie^{ix}$ となります．オイラーの公式から

　　$(\cos x + i \sin x)' = (e^{ix})' = ie^{ix} = i(\cos x + i \sin x) = -\sin x + i\cos x$

となります．実数部どうしと虚数部どうしを等しくおくと

　　$(\cos x)' = -\sin x$ と $(\sin x)' = \cos x$

が同時に得られます．また，三角関数の加法定理も

　　$\cos(a + b) + i\sin(a + b) = e^{i(a+b)} = e^{ia}e^{ib} = (\cos a + i\sin a)(\cos b + i\sin b)$
　　$= (\cos a \cos b - \sin a \sin b) + i(\sin a \cos b + \cos a \sin b)$

のはじめの式と最後の式の実数部どうし，虚数部どうしを等しくおけば得られます．

$$u = \frac{\partial \phi}{\partial x} = \frac{b}{2\pi}\frac{x}{x^2+y^2}$$

となります．$x$軸上では$u = b/(2\pi x)$であり，たとえば第1象限では$b > 0$のとき$u > 0$，すなわち，$b > 0$のときには原点から湧き出している流れ（**湧き出し**）となります．逆に$b < 0$のときは原点に吸い込まれる流れ（**吸い込み**）となります．

### ❹渦糸

$$w = i\frac{\Gamma}{2\pi}\log z \qquad (\Gamma：実数) \tag{17}$$

が表す流れを考えます．湧き出しと異なる点は係数が純虚数になっていることです．湧き出しのときと同じように$z$を極座標$re^{i\theta}$で表現すれば，複素速度ポテンシャルとして

$$\phi + i\psi = -\frac{\Gamma}{2\pi}\theta + i\frac{\Gamma}{2\pi}\log r$$

が得られます．この式は流線が

$$\psi = \frac{\Gamma}{2\pi}\log r = 一定（したがって r = 一定）$$

で表されること，すなわち同心円であることを示しています（図7）．

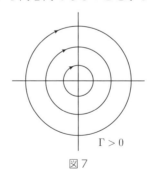

$\Gamma > 0$

図7

　流れ関数は直角座標を用いれば

$$\psi = \frac{\Gamma}{4\pi}\log(x^2+y^2)$$

となるため，$x$方向速度は

$$u = \frac{\partial \psi}{\partial y} = \frac{\Gamma}{2\pi} \frac{y}{x^2 + y^2}$$

です．したがって，$\Gamma > 0$ ならば第一象限で $u > 0$，すなわち時計まわりの流れになります．このような流れを**渦糸**といいます．

### ❺円柱まわりの流れ（循環なし）

$$f = z + \frac{1}{z} \tag{18}$$

を考えます．式(13)を用いると

$$\phi + i\psi = x + iy + \frac{1}{x + iy} = x + iy + \frac{x - iy}{x^2 + y^2}$$

$$= x\left(1 + \frac{1}{x^2 + y^2}\right) + iy\left(1 - \frac{1}{x^2 + y^2}\right)$$

となります．したがって，流れ関数は $\psi = y(1 - 1/(x^2 + y^2))$ です．流線は $\psi = \mathrm{const.}$ を満たす曲線です．関数の形からこの曲線は $y$ 軸に関して対称であることや，$y > 0$ のときは最大値を，$y < 0$ のときは最小値をそれぞれ $y$ 軸上でとること，および遠方では一様流に近づくことなどがわかります．特に const. を 0 とおいた流線は，

$$y = 0, \quad x^2 + y^2 = 1$$

となるため，$x$ 軸または半径 1 の円を表します．いいかえれば，$x$ 軸と円が流線になっています．一方，遠方では $1/z$ の効果は小さくなるため，$f = z$ すなわち右向きの一様流れです．以上のことから，$f = z + 1/z$ が表す流れは半径 1 の円柱まわりに右向きに大きさ 1 の一様流があたる流れ（**円柱まわりの流れ**）を表します．なお，流線（上半分）は図 8 に示したようになりますがこれはコンピューターを用いて作図したものです．

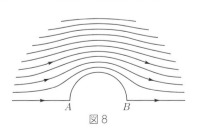

図 8

### ❻円柱まわりの流れ（循環あり）

次に式(18)を$U > 0$倍して式(17)に重ね合わせて

$$w = U\left(z + \frac{1}{z}\right) + \frac{i\Gamma}{2\pi}\log z \tag{19}$$

をつくります．極座標を用いてこの式から速度ポテンシャルと流れ関数を計算すれば

$$\phi = U\left(r + \frac{1}{r}\right)\cos\theta - \frac{\Gamma\theta}{2\pi} \tag{20}$$

$$\psi = U\left(r - \frac{1}{r}\right)\sin\theta + \frac{\Gamma}{2\pi}\log r \tag{21}$$

となります．この場合も$r = 1$は流線になっていますが，$\theta = 0$はもはや流線ではありません（図9）．このような流れを循環をもつ円柱まわりの流れといいます．

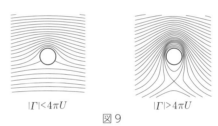

図9

## ▌流れ中におかれた円柱に働く力

密度$\rho$が一定の場合にベルヌーイの定理を用いて一様流中におかれ半径1の円柱に働く力を計算することにします．完全流体の場合には（粘性を無視するため）円柱表面上の圧力を積分すれば力が求まります．円柱に働く力を流れ方向成分$D$と流れに垂直方向成分$L$に分けて考えます．$D$を**抗力**（抵抗），$L$を**揚力**とよびます．

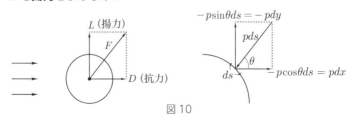

図10

このとき図10から

$$D = -\oint_C p\cos\theta\, ds \qquad L = -\oint_C p\sin\theta\, ds \tag{22}$$

です*. 一方，円柱表面での圧力分布は円柱表面をとおる流線に沿ってベルヌーイの定理

$$\frac{1}{2}\rho v^2 + p + \rho g h = 一定$$

を適用すると，高さ $h$ については考慮しないことと，無限遠で

$$v = U, \quad p = p_\infty$$

であることから

$$p_\infty - \frac{1}{2}\rho U^2 \;=\; p - \frac{\rho}{2}(u^2 + v^2) \;=\; p - \frac{\rho U^2}{2}(4\sin^2\theta)$$

となります．ただし，式の変形には円柱まわりの流れの流れ関数が

$$\psi = Uy(1 - 1/(x^2+y^2))$$

であることを用いています．このとき速度成分が

$$\frac{u}{U} = \frac{1}{U}\frac{\partial\psi}{\partial y} = 1 - \frac{x^2 - y^2}{x^2 + y^2}$$

$$\frac{v}{U} = -\frac{1}{U}\frac{\partial\psi}{\partial x} = \frac{2xy}{(x^2+y^2)^2} \tag{23}$$

と書けることから，円柱上 $(x,y) = (\cos\theta, \sin\theta)$ では

$$u^2 + v^2 = 4U^2\sin^2\theta$$

となります**.

　この関係を式(22) の第1式に代入して積分を実行するとき，$ds = ad\theta$ で

---

*　記号 $\oint_C$ は閉曲線 $C$ に沿って1周積分する（1周にわたって微小量を足し合わせる）ことを意味します．実際の計算は曲線 $C$ の種類によって異なりますが，$C$ が半径1の円で極座標で表されているときは角度 $\theta$ に対して区間 $[0, 2\pi]$ で定積分することになります．

**　円柱上 $(x,y) = (\cos\theta, \sin\theta)$ では
$$u/U = 1 - (\cos^2\theta - \sin^2\theta) = 1 - \cos 2\theta, \qquad v/U = 2\cos\theta\sin\theta = \sin 2\theta$$
となるため
$$(u/U)^2 + (v/U)^2 = 2 - 2\cos 2\theta = 4\sin^2\theta$$

あり，積分区間が $[0, 2\pi]$ であることを使えば

$$D = -\int_0^{2\pi} \left( p_\infty - \frac{1}{2}\rho U^2 + 2\rho U^2 \sin^2\theta \right) a\cos\theta d\theta$$

$$= -\left[ a\left( p_\infty - \frac{1}{2}\rho U^2 \right)\sin\theta + \frac{2}{3}\rho U^2 \sin^3\theta \right]_0^{2\pi} = 0$$

となり，同様に

$$L = 0$$

となります．すなわち完全流体では円柱に抵抗も揚力も働きません．この結論は明らかに日常経験に反することで，ダランベールのパラドックスとよばれています．

　以上のことは循環のある円柱まわりの流れの場合には以下のように修正されます．すなわち，循環のない場合の流れ関数に

$$(\Gamma/2\pi)\log r \ = \ (\Gamma/4\pi)\log(x^2 + y^2)$$

を加えればよく，その結果，式(23) は

$$\frac{u}{U} = \frac{\partial\psi}{\partial y} = 1 - \frac{x^2 - y^2}{(x^2 + y^2)^2} + \frac{\Gamma}{2\pi}\frac{y}{x^2 + y^2}$$

$$\frac{v}{U} = -\frac{\partial\psi}{\partial x} = \frac{2xy}{(x^2 + y^2)^2} - \frac{\Gamma}{2\pi}\frac{x}{x^2 + y^2} \tag{24}$$

のように修正されます．そして，円柱上 $(x, y) = (\cos\theta, \sin\theta)$ では

$$u/U = 1 - \cos 2\theta + \Gamma/(2\pi U)\sin\theta, \quad v/U = \sin 2\theta - \Gamma/(2\pi U)\cos\theta$$

となるため，積分計算すると

$$D = 0, \quad L = \rho U\Gamma \tag{25}$$

が得られます．この場合も，抵抗は働きませんが，循環の影響で揚力が働くことが分かります *.

　以上の手順をまとめると，抵抗 $D$ や揚力 $L$ を求めるためには，複素速度ポテンシャルを用いて速度成分 $(u, v)$ を求め，次にベルヌーイの定理を用いれば $A$ を定数として

---

＊　これ以降の議論は数学的にやや複雑になるため，初めに読むときは飛ばしても構いません．

$$p = A - \rho(u^2 + v^2)/2 \tag{26}$$

となるため，物体表面を閉曲線 $C$ としたとき抵抗と揚力は

$$D = -\oint_C p\,dy, \quad L = \oint_C p\,dx$$

から計算できます*.

この式から

$$D - iL = \frac{1}{2}\rho i \oint_C \left(\frac{df}{dz}\right)^2 dz \tag{27}$$

であることが導けます**. これを**ブラジウスの公式**といいます. ただし，$C$ は物体表面を表します.

実際に，循環のある円柱まわりの流れに対してブラジウスの公式を当てはめてみます. 式(19) から

$$\frac{df}{dz} = U\left(1 - \frac{1}{z^2}\right) + \frac{i\Gamma}{2\pi}\frac{1}{z}$$

より

$$\left(\frac{df}{dz}\right)^2 = U^2\left(1 - \frac{1}{z^2}\right)^2 - \frac{\Gamma^2}{4\pi^2}\frac{1}{z^2} + 2U\left(1 - \frac{1}{z^2}\right) \times \frac{i\Gamma}{2\pi}\frac{1}{z}$$

---

\* 円柱の例では極座標で表現しています. 定数部分は積分には寄与しません.

\*\* 式(26) を用いて，$D$ と $L$ を速度で表せば，

$$D = \frac{1}{2}\rho \oint_C (u^2 + v^2)dy\,, \quad L = -\frac{1}{2}\rho \oint_C (u^2 + v^2)dx$$

となります. ただし定数の周回積分は 0 であるので取り除いています.

一方，$C$ はひとつの流線であるため，$C$ 上で

$$\frac{dy}{dx} = \frac{v}{u} \quad \text{すなわち} \quad u\,dy = v\,dx$$

が成り立ちます.

この関係を用いれば

$$D - iL = \frac{1}{2}\rho \oint_C \{2uv\,dx - (u^2 - v^2)dy\} + \frac{i}{2}\rho \oint_C \{(u^2 - v^2)dx + 2uv\,dy\}$$

$$= \frac{1}{2}\rho \oint_C \{2uv(dx + idy) + (u^2 - v^2)(idx - dy)\}$$

となります. ここで $dz = dx + idy$，$idz = idx - dy$ であるため，上式は

$$D - iL = \frac{1}{2}\rho \oint_C (u^2 - v^2 - i2uv)idz = \frac{1}{2}\rho i \oint_C (u - iv)^2 dz$$

すなわち，式(27) が得られます.

となります．これをブラジウスの公式に当てはめますが，後述の式(30)により積分の値が0でないのは$1/z$を含む項の積分だけ（積分値は$2\pi i$）です．したがって，

$$D - iL = \frac{1}{2}\rho i \oint_C \left(\frac{df}{dz}\right)^2 dz$$

$$= \frac{1}{2}\rho(2U) \times \frac{i\Gamma}{2\pi} \oint_C \frac{1}{z}dz = \rho U \times \frac{i\Gamma}{2\pi} \times 2\pi i = -\rho U\Gamma$$

となります．そこで，実数部と虚数部を比較して，

$$D = 0, \quad L = \rho U\Gamma$$

が得られます．

　次に述べるコーシーの積分定理から正則関数の積分では積分路を（変形の途中で特異点を通らないようにする限り）自由に変形できます．したがって，円柱でなくても任意形状をもつ物体に対しても抵抗は働かず，循環$\Gamma$をもてば円柱でも任意の翼型でも，揚力は$\rho U\Gamma$になります．この事実を**クッタ・ジューコフスキーの定理**とよんでいます．

## ▌コーシーの積分定理 ·········································

　複素関数論で中心的な役割を果たす定理に**コーシーの積分定理**があります．これは微分積分学のグリーンの定理とコーシー・リーマンの方程式を用いて簡単に証明できますが，ここでは流体力学を利用して証明してみます．

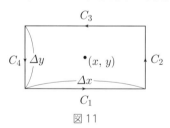

図11

　２次元の渦なし流れに対応する複素速度を図11に示すような複素平面内の微小長方形（周囲は$C$）に沿って反時計まわりに１周積分してみます．このとき，$C_1$と$C_3$上では$dy = 0$となり，$C_2$と$C_4$上では$dx = 0$となるため

$$\oint_C (u - iv)dz = \oint_C (u - iv)(dx + idy)$$

$$= \oint_C (udx + vdy) - i\oint_C (vdx - udy)$$

$$= u(x, y - \Delta y/2)\Delta x + v(x + \Delta x/2, y)\Delta y$$
$$\quad - u(x, y + \Delta y/2)\Delta x - v(x - \Delta x/2, y)\Delta y$$
$$\quad - i(v(x, y - \Delta y/2)\Delta x - u(x + \Delta x/2, y)\Delta y$$
$$\quad - v(x, y + \Delta y/2)\Delta x + u(x - \Delta x/2, y)\Delta y)$$

$$\sim -\left( \frac{u(x, y + \Delta y/2) - u(x, y - \Delta y/2)}{\Delta y} \right.$$
$$\quad \left. - \frac{v(x + \Delta x/2, y) - v(x - \Delta x/2, y)}{\Delta x} \right)\Delta x \Delta y$$
$$\quad + i\left( \frac{u(x + \Delta x/2) - u(x - \Delta x/2)}{\Delta x} \right.$$
$$\quad \left. + \frac{v(x, y + \Delta y/2, y) - v(x, y - \Delta y/2)}{\Delta y} \right)\Delta x \Delta y$$

$$\rightarrow \left( -\frac{\partial u}{\partial y} + \frac{\partial v}{\partial x} \right) + i\left( \frac{\partial u}{\partial x} + \frac{\partial v}{\partial y} \right)$$

となります（ただし最後の式では $\Delta x$ と $\Delta y$ は省略）．一方，最終式の最初の括弧内は渦なしの仮定から 0，2 番目の括弧内は連続の式から 0 ということで，微小長方形の辺に沿った積分は 0 になります．

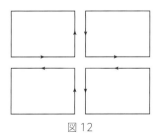

図 12

　次に微小長方形をいくつか並べて，各積分の和を計算します．図 12 は 4 つ並べたものですが，隣接する辺において，積分は逆方向になるため打ち消し合います．その結果，この和は 4 つの領域を合わせた長方形の外周に沿った積分と等しくなります．一方，それぞれの積分は 0 なので足したものも 0

となります．したがって，実数部に対しては4つの領域を加え合わせても積分は0になります．

虚数部は一つの辺から辺に垂直に流出した量はそのまま隣の領域に流入するため，これも和をとると打ち消し合います．すなわち虚数部に対しても4つの領域を加え合わせた積分は0です．一般に外周が $C$ の有限の大きさの領域も微小長方形の積分の和で表せる*ため，

$$\oint_C (u - iv)dz = \oint_C \frac{df}{dz}dz = 0$$

であると結論できます．すこし先走りますが，正則関数の微分も正則であるため $g(z) = df/dz$ とおけば $g(z)$ は正則です．したがって，任意の正則関数 $g(z)$ に対して

$$\oint_C g(z)dz = 0 \tag{28}$$

が成り立ちます．これをコーシーの積分定理といいます．なお，式(28)を導くとき連続の式を用いているため，$C$ で囲まれた領域内に湧き出しなど特異点（正則でない点）がないことを仮定しています．

とりあえず $g(z)$ を，正則であるかどうかは別として，式(28)が成り立つ関数とします**.

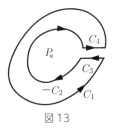

図13

このとき，湧き出しなどがある場合は積分の値が0になるとは限りません．しかし，湧き出しなど特異点をさけて閉曲線に対して式(28)が成り立ちま

---

*　$C$ は階段状に近似されます．ただし，図11の微小長方形を微小直角三角形にしても同じ結論が得られるため，$C$ に接するところを直角三角形にとれば $C$ を折れ線で近似することになります．

**　式(28)を満たす関数 $g(z)$ が正則であることは以下に示します（**モレラの定理**）.

す．図 13 に示すように点 $P$ を唯一の特異点とし，点 $P$ を囲む 2 つの閉曲線 $C_1$ を $C_2$ とし，$C_1$ と $C_2$ を結ぶひとつの経路を $C_3$ とし，$C_3$ と同じで経路で向きが逆の経路を $C_4$ とします．このとき，$C_1 + C_3 - C_2 + C_4 (= C)$ は閉じた経路になり，その内部に特異点がないため，$C$ に沿った周回積分は 0 になります．ここで $C$ に沿った積分を $C_1 \sim C_4$ に沿った積分に分けて考えます．このとき，$C_2$ の積分が時計まわり（すなわち反時計回りの場合と符号が逆）であること，および $C_3$ と $C_4$ に沿った積分は打ち消しあうため，式(28) は内部に特異点があっても

$$\oint_{C_1} g(z)dz = \oint_{C_2} g(z)dz \tag{29}$$

が成り立つことを意味しています（ただし，積分値は 0 とは限りません）．すなわち，積分路をどうとっても積分の値は同じになります．

　例として点 $z = a$ を取り囲む閉曲線 $C$ に対して $n$ を整数として

$$\oint_C \frac{1}{(z-a)^n} dz$$

を計算してみます．積分路は自由に変化させることができるため，$C$ として $z = a$ を中心として半径 $\varepsilon$ の円周とします．このとき

$$z = a + \varepsilon e^{i\theta}, \quad dz = i\varepsilon e^{i\theta} d\theta$$

であるため

$$\oint_C \frac{1}{(z-a)^n} dz = \int_0^{2\pi} ie^{i\theta}/e^{ni\theta} d\theta = \begin{cases} 2\pi i & (n{=}1\text{のとき}) \\ 0 & (\text{それ以外}) \end{cases} \tag{30}$$

となります．ただし，$n$ が 1 以外の整数のとき $m = 1 - n$ とおいて $e^{mi2\pi} = 1$ であることを用いています．

　ここで

$$\oint_C \frac{g(z)}{z-a} dz = \oint_{C'} \frac{g(z) - g(a)}{z-a} dz + g(a) \oint_{C'} \frac{1}{z-a}$$

と変形します．ただし $C'$ は $a$ を中心とした半径 $\varepsilon$ の円です．$\varepsilon \to 0$ のとき

右辺第1項は0になり*，右辺第2項の積分は $2\pi i$ であるため上式は

$$g(a) = \frac{1}{2\pi i} \oint_C \frac{g(z)}{z-a} dz$$

となります．この式を導くときは積分路は自由に変形できることを用いましたが $g(z)$ が正則という条件は使っていません．この式で $z$ を $\zeta$，$a$ を $z$ と記せば

$$g(z) = \frac{1}{2\pi i} \oint_C \frac{g(\zeta)}{\zeta-z} d\zeta \tag{31}$$

が成り立ちます．これを**コーシーの積分公式**と言います．この公式を使って $g(z)$ を微分の定義式に代入すると

$$\begin{aligned}
\frac{dg(z)}{dz} &= \lim_{\Delta z \to 0} \frac{g(z+\Delta z) - g(z)}{\Delta z} \\
&= \frac{1}{2\pi i} \lim_{\Delta z \to 0} \frac{1}{\Delta z} \oint_C \left( \frac{g(\zeta)}{\zeta - (z+\Delta z)} - \frac{g(\zeta)}{\zeta - z} \right) d\zeta \\
&= \frac{1}{2\pi i} \oint_C \frac{g(\zeta)}{(\zeta - z)^2} d\zeta
\end{aligned}$$

となり，微分可能であるとともに，微分した結果も得られます．

　$g(z)$ は微分可能であることがわかったため，$g(z) = df/dz$ は正則です．したがって，正則関数に対してコーシーの積分定理が成り立つことがわかりました．なお，上の微分は何回でも可能で

$$\frac{d^n g(z)}{dz^n} = \frac{n!}{2\pi i} \oint_C \frac{g(\zeta)}{(\zeta - z)^{n+1}} d\zeta \tag{32}$$

であることが数学的帰納法を用いて証明できます．このことは複素関数の世界では1回微分できれば（すなわち正則であれば）何回でも微分できることを意味しています．

---

*　$M$ を円周上の $|g(z) - g(a)|$ の最大値とします．すなわち $|g(z) - g(a)| < M$ とします．また円周上では

$$z = a + \varepsilon e^{i\theta} \to dz = \varepsilon i e^{i\theta} d\theta \to |dz| = \varepsilon d\theta$$

であるため，

$$\left| \oint_{C'} \frac{g(z) - g(a)}{z - a} dz \right| \le \oint_{C'} \frac{M}{|z-a|} |dz| = M \int_0^{2\pi} \frac{\varepsilon}{\varepsilon} d\theta = 2\pi M$$

ここで，$\varepsilon$ を0に近づければ $M$ も0に近づくため，積分値は0になります．

# PartⅢ

# 最終講義 (令和2年3月10日)

（司会：椎尾先生＊）

　それでは時間となりましたので，始めさせていただきます．私，理学部情報科学科の今年学科長をさせていただいております椎尾と申します．ここに来ていらっしゃる皆さん，河村先生と長い長いお付き合いの方ばかりなので，私などはここに招んでいただくときに，たぶん12年位前ですかね，お話を伺ったときが最初ですので，全然，長さからいったらもっと長い方いっぱいいらっしゃると思うので，とても僭越なんですが，今年学科長，うちの学科は1年交代でやっているので週番みたいなものなのですが，今年当たっているので，ここで司会をさせていただく栄誉を賜ったというところです．

　それで今日は，河村先生，どうもご苦労様でした．ありがとうございます．では，今日は河村先生の最終講義ということで，皆さんお集まりいただきありがとうございます．本当に私も12年前にこちらに招んでいただいたときにお話伺って，とても温和な先生でしかも頭の切れる素晴らしい感じの人だな，というそういう感じでしたんですけれども，今の情報科学科のありようをかたちなんかを，増永先生と河村先生でどんどん作ってらしたという，そんな印象を受けました．その後も河村先生は大学の運営とかものすごくたくさんお茶の水女子大学に貢献されていて，理事をされていていろいろ活躍されてたんですけれども，今年で定年ということで，今日の最終講義ということで皆さん集まっていただくことになりました．

　あまり長く話してもあれなので，では河村先生，よろしくお願いいたします．

（河村先生）

　椎尾先生，丁寧なご紹介ありがとうございます．今日は皆さま多数このコロナウィルスの脅威の中集まりいただきましてありがとうございます．命がけ，ということでもないでしょうけれども（笑）

＊　椎尾一郎：お茶の水女子大学理学部情報科学科教授

> **40年の教員生活を振り返って**
> **－CFDとともに－**
>
> 若い世代へのメッセージ
>
> 情報科学科　河村哲也

今回の，こういう最終講義の準備をしてくださった，研究室の皆さんとか情報科学科の皆さんにまず感謝したいと思います.

それでは今日は，こういう題（40年の教員生活を振り返って－CFDとともに－）でもって，与えられた時間お話ししたいと思います.　特に若い世代の方へのメッセージになればという風に思っております.

> **最終講義**
>
> ・ 何を話そうか？
> ・ まさか，微分積分のような講義をするわけにもいかない
> ・ これまで，何回か最終講義を拝聴したが，多くの先生方が，自分の過去を語っておられた
> ・ それでは，慣例に従う（＋少し専門の話）
> ・ 結果的に今まで，ほとんど過去を振り返ったことがなかったのでよい機会でした

それで，最初に学科から最終講義をしてくれないかという話があったときに，何を話そうか，ちょっと迷いました.　まさか1年生に行っているような微分積分のような講義をするわけにもいきません.　これまで何回かいろいろな先生の最終講義を拝聴しましたが，多くの先生方が自分の過去を語っておられたので，それでは自分も話しやすいので，それに従うということと，それに専門の話を少し加えて，お話ししたいと思います.　結果的に，今までほとんど自分の過去を振り返っていなかったので，ちょうどよい機会になったと思います.

> **Personal History（10年ごと）**
>
> ・ I (20代)1976－1985　東大（学生，院生の時を含めて）
> ・ II (30代)1986－1995　NASA・鳥取大・千葉大
> ・ III (40代)1996－2005　お茶大前期
> ・ IV (50代)2006－2015　お茶大中期
> ・ V (60代)2016～現在　お茶大後期

自分の過去を振り返るときに，たいていの人もそうかもしれないのですが，10年ごとに区切ると分かりやすいので，第1期として20代，第2期として30代というふうに区切ってみました.

第1期の20代というのは，学生，院生の時代も含めて，東大にご厄介になっていました.

それで第2期の30代になりますと，東大を休職してNASAのほうに研究

留学しまして，そのあと，鳥取大学とそれから千葉大をまわりました．

　そして40代の最初の頃にお茶大に移ってきまして，現在に至ってるのですが，期間が長いので，40代を前期，50代を中期，それから60代を後期というふうに分けてお話ししたいと思います．

```
大学教員の役割
・1  教育
・2  研究
・3  社会貢献(活動)
・4  大学運営(雑用)

理想
40：40：10：10
```

　このように，私は長年大学教員をやっております．表題は40年，実は26歳のときに就職したので正確にいうと39年なんですが，その前も非常勤講師をやっていたので，それを含めると40年やってるということになります．大学教員は何をしなければならないかというと，教育・研究・社会貢献・大学運営ということになると思うのですが，今はやりのエフォート率で言いますと，大体40％40％ 10％ 10％くらいというのが理想かなと思っています．

```
話の流れ(80分とした場合)
・1  研究  40分 (経歴を含めて)
・2  社会貢献  10分 (啓蒙活動)
・3  大学運営  10分 (苦労話)
・4  教育  10分 (学生の研究紹介)
・5  思い出アルバムとまとめ  10分
```

　それで今日の話の流れとしましては，教育を後に持ってきまして，全体を80分としたときに，研究の話を40分，といいましても自分の経歴を含めたもので，難しい話はしませんので，研究の話を40分くらい，全体の半分くらいとりまして，その後社会貢献，それから大学運営の話をして，最後に学生さんがよい研究をいろいろしてくれましたので，研究紹介を兼ねて教育ということにします．あと時間が余りましたら，いくつか写真をお見せして，それでまとめにしたいと思っています．これが今日の話の流れです．

# ▌研究 ·················································································

> ### 1　研究
> with personal history

まず，自分の足跡を含めて，研究について振り返ってみます．

> #### 専門
>
> - CFD (Computational Fluid Dynamics)
> - 流体（気体と液体）の諸現象をコンピュータを使って解析（支配方程式を数値的に解く）
> - 関連分野
>   工学：土木，建築，機械，航空，船舶···，
>   理学：物理，数学，地球科学，生物，天体···
>   環境科学，医学，情報科学，···

私の専門は **CFD** といいまして，これは Computational Fluid Dynamics のことで，日本語に訳しますと「数値流体力学」とか「計算流体力学」とかいいます．何をするのかといいますと，流体というのは気体と液体の総称なのですが，そこに現われる諸現象をコンピューターを使って解析するという分野です．我々は水とか空気といった流体に取り囲まれていますので，ほとんどすべての科学分野と深く関連しております．

> #### 流体力学
>
> - 古典物理で基礎になる法則は単純
>   （質量保存，運動量保存，エネルギー保存）
> - 流体は容易に変形　→　非線形現象
> - 数学的な取扱いは非常に困難
> - 解はあるはず　→　コンピュータで解く
> - コンピュータの進歩とともにCFDは急速に発展

流体力学というのは，いわば古典物理学で，基礎になる法則は非常に単純で，質量保存と運動量保存とエネルギー保存だけです．ただ，流体は力を加えると容易に変形してしまいますので，**非線形現象**になります．

ということで，数学的な取り扱いは極端に困難になります．しかし，もともと基礎の法則が簡単なので，答はあるはずで，実用上非常に重要なので，コンピューターで解こう，近似的でよいからコンピューターで解こうという話になり，コンピューターの進歩とともに急速に発達してきた分野です．

### CFDの歴史

- 1960年代（誕生期）：計算法など基礎的な部分が発達（アメリカ, ロシア）
- 1970年代（成長期）：アメリカを中心に急速に発展
- 1980年代（日本での誕生期）：日本で注目されはじめる（アイデアなどほぼ出つくす）
- 1990年代（成熟期）：スーパーコンピュータとともに研究者の爆発的な増加
- 2000年〜（応用期）：学問というより技術に（いまだに乱流は未解決）

CFD の歴史を振り返ってみますと，1960 年代，誕生期ですけれども，計算機が実用化されはじめたときに，計算法とか基礎的な部分が主にアメリカとかロシアで発達しました．

1970 年代，成長期と書きましたが，アメリカは非常にコンピューターが進んでいましたので，アメリカを中心に，主に航空分野で CFD が発展しました．

1980 年代になりますと，当時日本で CFD をやってた人は数えるほどしかいないんですけれども，日本で注目され始めます．日本でもスーパーコンピューターができ始めて，1990 年代には，日本の研究者で CFD をやっている人が爆発的に増加します．2000 年以降は，学問というよりは，技術という感じ，という印象を私は受けます．

CFD のアイデアというものは，ほぼ 1980 年代に出尽くしたという感を，私は持っています．

数理科学：CFD特集 （1989）

これは「数理科学」という，サイエンス社から出ている雑誌ですが，ようやく 1989 年に CFD の特集というのが組まれました．一番上の高見先生というのが私の指導教員ですが，高見先生が最初に書かれていて，あと当時 CFD をやっていた桑原先生とか中橋さんとか，石井さんとか，そういう人が記事を書いています．

## 流体力学（CFD）との出会い

- 義理の叔父が流体力学の研究者だった
- 今井功先生の流体力学の本が明解だった
- 今井先生は私が進学するころ定年だった
- 就職がよいと思い工学部（物理系）に進学した
- 高見穎郎先生の講義がわかりやすかった
- （少し迷って）大学院は高見研（CFD）を選んだ
- 高見先生は今井先生の直弟子だった

そもそも私と流体力学との出会いなのですが，大学に入ったころは流体力学を特に意識したわけではなかったのですが，ちょうど義理の叔父にあたる人が流体力学の研究をしていたということがあります．たまたま叔父の家で，今井功先生という有名な先生がいるのですが，今井先生の書いた流体力学の本，岩波全書というハードカバーの小さな本ですが，それをたまたま読んで，非常に明快で，大変感激したことを憶えています．

　ただ，今井先生は私が本郷に進学するときにはちょうど定年を迎えられたので，今井先生につくわけにはいきません．私は理科一類というところにいましたが，就職のことも考えて，工学部の方に進学しました．ただ，物理が好きだったので，物理工学科というところに進学しました．そこに私の指導教員の高見穎郎先生がいらっしゃったんですが，高見先生の講義が抜群に分かりやすかったので，まあこの先生ならついていけるかなと思いまして，大学院に進学するときに，超伝導をやろうかなとも少し思ったのですが，結局，高見研のCFDを選びました．後で知ったのですが，高見先生は今井先生が最も信頼されるお弟子さんだったということが分かりました．

## 高見穎郎先生と今井功先生

文化勲章受章（1988）

出典：ながれ 8-1（1989）p71（「ながれ」日本流体学会誌）

ここに高見先生と今井先生の写真があります．左側の写真は1990年に両先生を鳥取大学，当時私は鳥取大学にいましたが，鳥取大学で「西日本乱流シンポジウム」というのがありまして，そこにご招待しそのとき，ちょっと観光ということで，鳥取に大山という有名な山があり，その中腹に大山寺というところがあって，そこで高見先生のカメラで私が両先生を写した写真です．これは高見先生が非常に気に入っておられた写真ということを後で知りました．今井先生は，日本を代表する流体物理の研究者で，1988年には文化勲章を受章してお

ります.

**お茶大で今井先生を囲んで**

　一度，今井先生をお茶大に招いた
ことがありまして，今井先生を囲ん
で，という会で，これは理学部3号
館のラウンジというところで撮った
写真です．中央にいらっしゃるのが
今井先生で，1列目右端に私が控え
ていまして，その横に高見先生がい
らっしゃって，その後ろに私の研究室の学生，今日来ていらっしゃる諸星さ
んも写っています．あとここ（後列左から3人目）に写っているのが，私が
高見先生の助手になる前に高見研で助手をやっておられた，当時宇宙科学研
究所に勤めておられた桑原邦郎先生で，これから何回も登場する先生です
が，桑原先生が写っています.

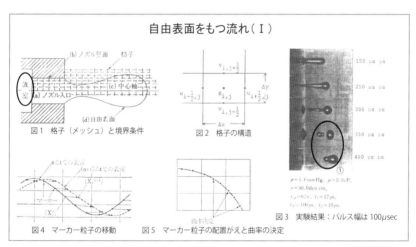

### 自由表面をもつ流れ（Ⅰ）

図1　格子（メッシュ）と境界条件

図2　格子の構造

図3　実験結果：パルス幅は100μsec

図4　マーカー粒子の移動

図5　マーカー粒子の配置がえと曲率の決定

　私の最初の研究ですが，ちょうど今井先生の息子さんがリコーに勤めてお
られまして，リコーで**インクジェット**を開発するという話になりまして，そ
れで何かシミュレーションできないかという話になりました．そして，お父
さんである今井先生に相談があって，今井先生から高見先生，高見先生から
私に来て，というそういう経緯になります.

　リコーの方式は，このインクの入っているところ（図中左上の〇印）を振動子で押しまして，インクを噴き出させるのですが，こういうのを流体では**「自由表面を持つ流れ」**といいまして，流体の方程式を解いて，はじめてインク柱の形状が決まるという，なかなか厄介な問題です．

　リコーが抱えてた問題は，条件によって小さな液滴に分かれてしまって，この写真ではまたくっついていますが，小さな液滴「サテライト」（図中の①）とよびますが，それができると紙面を汚してしまうという問題です．そこで，サテライトが出来ない条件をシミュレーションで求まらないか，ということで，それが私の修論のテーマとなりました．

**学生時代の計算機**

計算機使用料金　ベスト10に入ったことも

jp.wikipedia.org/wiki/ パンチカード
jp.wikipedia.org/wiki/ パンチカードシステム

　これはなかなか難しい問題で，プログラムもなかなか大変で，プログラムに不慣れな私は四苦八苦しました．当時の計算機は，プログラムをコーディング用紙というのに一行一行書きまして，それを大昔のタイプライターみたいな大きな機械でもって，カードに孔をあけます．ですので，例えば1000行のプログラムを書きますと，カードが1000枚になって，かなりの量になります．それでプログラムをこういうカードに写して，カードリーダーで読ませて，コンピューターに入力するという，そういう流れでした．このカードリーダーはよく紙詰まりを起こしまして，なかなか大変だったことを憶えています．

**大型計算機センター**

　この図はちょっと見づらいかも分からないですけれども，グーグルからとった東大構内の地図ですが，ここに正門があってイチョウ並木があって安田講堂があります．私はこの講堂の近くの工学部6号館（図中の矢印）というところに居りました．

　そして計算機センターというのは当時この辺にあったのですが，たぶん今

でもそこにあると思います．工学部6号館から出て，ここ坂道になってるんですけれども，坂道を下っていって弥生門というところからいったん東大の外に出て民家の間をくぐって，もう一度浅野キャンパスにある大型計算機センターまで通い詰めていました．

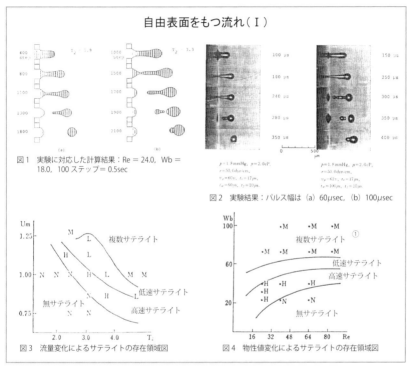

自由表面をもつ流れ（I）

図1　実験に対応した計算結果：Re = 24.0, Wb = 18.0, 100 ステップ= 0.5sec

図2　実験結果：パルス幅は（a）60$\mu$sec，（b）100$\mu$sec

図3　流量変化によるサテライトの存在領域図

図4　物性値変化によるサテライトの存在領域図

それで四苦八苦しながらも，一応実験に合うようなシミュレーションができました．この図（図中の①）はちょっと小さくて申し訳ないんですけれども，横軸にあとで説明するレイノルズ数という数，縦軸に表面張力に関係する**ウェーバー数**というのをとっていまして，このあたりの領域のインクを使うとサテライトができないということが分かりました．

## 自由表面をもつ流れ（Ⅰ）

- 河村哲也, 海老豊：ノズル出口付近の流れ, 京都大学数理解析研究所講究録393「流体力学における非定常問題」. pp.146-165,1980.8

- T. Kawamura, K. Kuwahara and T. Takami: Numerical Study of Breakup of a Capillary Jet, Proc. First Asian Congr. of Fluid Mech. A, 1980, A22　pp.1-6 (1980)

- 河村哲也, 海老豊, 高見穎郎：流体ジェットの滴生成に関する数値的研究, 日本流体力学会誌「ながれ」第1巻第3号, 1982, pp.285-298 (1982)

ということで，そういった研究経過をたどりながら，いろんな学会に発表したんですけれども，私の最初の学会発表というのが，京大の数理解析研究所というところで，当時夏と冬，毎年2回流体関係の研究会があって，それの夏の部に発表したものです．今井先生も来ておられて，なかなかいい結果だね，って褒めてもらったのを憶えています．これが私の初めての学会発表になります．

それでそのあと，国際学会でも発表したらどうか，という話になりまして，直近にあったアジア流体力学会に応募し，それに採択されて発表しました．場所はインドであったんですけれども，これが私のはじめての海外旅行兼海外での学会発表になります．

修論を書いて，その後いくつか計算をしまして，まとめて査読付きの論文というのに初めて発表したのがこれで，先ほどお見せした図はこの論文からとってきた図です．

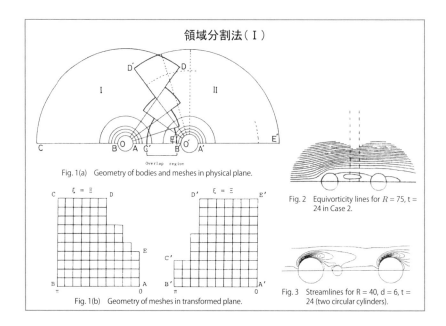

領域分割法（Ⅰ）

Fig. 1(a)　Geometry of bodies and meshes in physical plane.

Fig. 1(b)　Geometry of meshes in transformed plane.

Fig. 2　Equivorticity lines for $R = 75$, t = 24 in Case 2.

Fig. 3　Streamlines for R = 40, d = 6, t = 24 (two circular cylinders).

そういうことを研究しながら，多数の液滴があったときに，どういう相互作用をするのかということが気になりまして，それでもう少し正確に計算しようということで，こういった多数の円柱とか球の周りの流れというのを計算しました．

当時，まだ1980年代の最初ですから，一般座標という考え方はほとんど普及していなくて，円柱座標を使おうということになりました．ただ，円柱座標で多数の円柱を表現するのは無理なので，これを分けてつなぎ合わせてはどうかというアイデアを桑原先生が出されて，具体的な計算法は私が考えて，それで計算しました．今でこそ**領域分割法**というのは，非常に当たり前な考え方なんですが，当時はほとんどこういう考え方はなかったと思います．

## 領域分割法（Ⅰ）

- Md.S. Alam, T. Kawamura, K. Kuwahara and H. Takami: Numerical Computation of Interaction between Bluff Bodies in a Viscous Flow; Theoretical and Applied Mech. 31, pp.391-406 (1982)

- アラム氏：バングラデシュからの国費留学生

それで，一応結果が出まして，論文に発表しました．著者の最初に書いてあるアラムさんというのは，バングラデシュから来た国費留学生の方です．私より十くらい年上の人だったんですが，非常に数学はお出来になってベッセル関数の難しい公式なんかたちどころに言えるんですけれども，プログラムは全くダメで，これはお国柄だと思います．そういうことでほとんど私がプログラムを書いて，研究を進めたということで，高見先生からは「2つ学位論文を書いたようなものだね」と褒めていただきました．

## 円柱にあたる流れ（下から上）

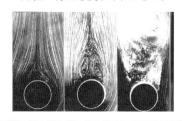

それで，こういう研究をしているうちに，もう少し基本的な流れで，円柱周りの流れというのを研究したくなりました．

この図（出典：今井功，「流体力学」（物理テキストシリーズ）岩波書店）は，円柱がありまして，下から流れが当たってるんですが，この後すぐ説明するレイノルズ数という数を変える

と流れが変わってきます．一番左がレイノルズ数が非常に低くて，それを少し大きくすると円柱の後ろに渦が二つできて**双子渦**といいます．もっとレイノルズ数を高くすると，乱れて乱流になるという，そういった流れの変化を起こします．

---

**高レイノルズ数流れ（I）**

- レイノルズ数　＝　速さ×長さ／動粘性率
　　　　　　　＝　慣性力／粘性力
（日常目にする流れ：高レイノルズ数，非圧縮）
- 低レイノルズ数　→　粘い流体の流れ
- 高レイノルズ数　→　流れは層流から乱流
- 高レイノルズ数　→　非線形不安定性

---

**レイノルズ数**とは何かといいますと，流体が流れようとする慣性力とそれを阻止しようとするような粘性力との比です．粘性が分母にありますから，粘性が大きければ大きいほどレイノルズ数は小さくなります．

小さいレイノルズ数の流れというのは，非常に粘い流体を想像してもらったらよいのですが，例えば蜂蜜であるとか油であるとか，そういった流れというのが低レイノルズ数の流れです．ただ，我々が住んでるのは，空気とか水といったレイノルズ数が割と高いところの流れです．そういったときには，流れは乱流になってることがほとんどです．

もう一つ難しい点は，レイノルズ数が高くなりますと，**非線形不安定性**という現象が起こりまして，普通の計算法では発散してしまってうまくいきません．

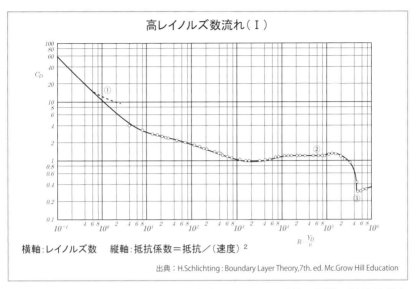

高レイノルズ数流れ（Ⅰ）

横軸：レイノルズ数　　縦軸：抵抗係数＝抵抗／（速度）²

出典：H.Schlichting : Boundary Layer Theory,7th. ed. Mc.Grow Hill Education

　この図が割と有名な実験結果で，横軸にレイノルズ数，縦軸に抵抗係数を
取った図です．抵抗係数というのは，抵抗を速度の二乗で割った数です．

　先ほど見せた，レイノルズ数が小さい，油の流れ（図中の①）というのは，
この辺の抵抗係数を持っているのですが，ある程度レイノルズ数が高くなり
ますと，ここでほぼ一定（図中の②）になって，カクンと下がる（図中の③）
という，こういうところが出てきます．この辺で抵抗係数が一定ということ
はどういうことかというと，抵抗に直しますと速度の二乗に比例する，抵抗
は速度の二乗に比例するという**ニュートンの抵抗法則**といいますけれども，
その法則が成り立つ領域です．ですので，例えば時速 70 キロで車を運転し
てるときの抵抗と，時速 100 キロで運転しているときの空気から受ける抵抗
というのは 2 倍違います．それから，それを時速 140 キロにすると，時速
70 キロに比べて，空気から 4 倍の抵抗を受けます．したがって，速く運転
すればするほど燃費は悪くなるのですが，この辺では抵抗は速度の二乗に比
例するということです．

　ここでガクッ（図中の③）と抵抗が下がりますが，この落ち方が円柱の周
りにギザギザをつけると，それが起きるレイノルズ数が少し小さくなりま
す．これを積極的に利用したのがゴルフボールで，ゴルフボールには凸凹が
付いてますが，飾りではなくて，ああいうふうにしないと抵抗が大きくて，

ツルツルだと飛ばないんですね．わざわざギザギザをつけて，レイノルズ数が低いところで抵抗が落ちるようにしているのが理由です．

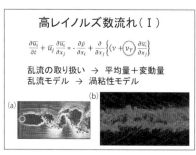

円柱周りの流れを見ていますと（出典：(a) Van Dyke, "An Album of Fluid Motion", The Parabolic Press (b) https://www.fdl.mae.nagoya-u.ac.jp 名古屋大学大学院工学研究科航空宇宙工学専攻流体力学研究グループ），層流，普通に流れているところと，乱流であるところというのは割とくっきりとした境目があります．一方で乱流の取り扱いをどうやっていたかといいますと，平均流プラス変動流というふうに分けて，平均流に対する方程式を立てます．しかし，先ほど言いました非線形性ということから，変動流に対して方程式がうまく立ちません．そこで無理やり平均量と置き換えて，**乱流モデル**といいますが，粘性に押し込んでしまうというそういう操作をします．

ということで，乱流は数値計算的には非常に粘い流れになってしまいます．しかし，実際の流れを見てみますと，乱流であるところとないところの境目が割とくっきりとしているということで，こういった高レイノルズ数の流れは 2 階微分では表現しきれないというふうに思いまして，もっと高階の微分で表現したらどうだろうかと思いつきまして，それを含むような計算法を考えました．

それで計算すると，先ほど言った非線形不安定性は，いくらレイノルズ数が高くしても起こらなくて，ちゃんと計算できます．

これらの図はよく

似てるんですけれども，左側がレイノルズ数が数千，右側が数万です．どこが違うかっていうと，円柱の後ろに後流という部分ができるのですが，確かにレイノルズ数を高くすると，後流部分がちょっと狭くなっています．これが何を意味しているかといいますと，円柱から流れが剥離する点が後ろに下がっているということで，これは取りも直さず抵抗係数が小さくなったということを意味しています．

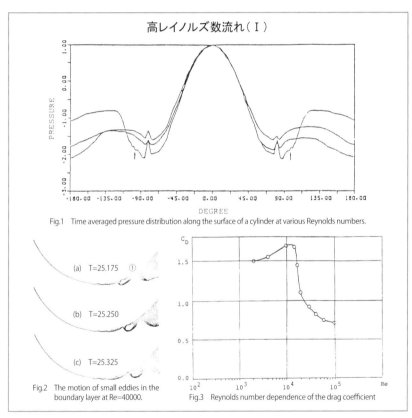

Fig.1 Time averaged pressure distribution along the surface of a cylinder at various Reynolds numbers.

(a) T=25.175 ①

(b) T=25.250

(c) T=25.325

Fig.2 The motion of small eddies in the boundary layer at Re=40000.

Fig.3 Reynolds number dependence of the drag coefficient

　それで実際こちらにレイノルズ数を取りまして，抵抗係数をとると，きちんと落ちてくれます．これを数値計算で実現できたのは，私が初めてだったんですが，それでもう少し詳しく見ると，この凹凸のところでいったん剥離（図中の①）します．そしてもう一回付着して最終的に剥離していくという，そういう現象が起きています．

　それは実験では多分そうではないかということは言われていたんですけれども，数値計算で確かめることができました.

---

**高レイノルズ数流れ（I）**

• T. Kawamura and K. Kuwahara :
Computation of High Reynolds  Number Flow
around a Circular Cylinder with Surface
Roughness, AIAA Paper 84-0340 (1984)

AIAA: American Institute of Aeronautics &
Astronautics

---

　この結果を桑原先生に見せたところ，すごい結果じゃないか，ということになりまして，それではアメリカの学会で発表しようということで，アメリカ航空宇宙学会で発表したところ，注目してもらえまして，アメリカの著名な研究者から「congratulation!」と言ってもらいました. ただアメリカ人はよく「congratulation!」と言うらしいので，まあそれがどれだけなのか分かりませんが，ともかくそういった計算が出来た，ということです.

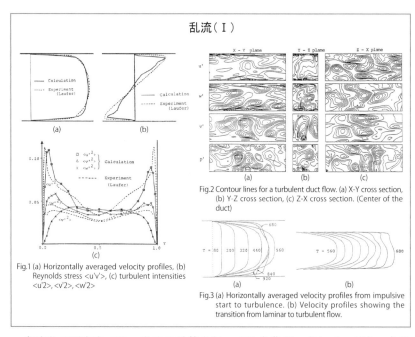

**乱流（I）**

Fig.1 (a) Horizontally averaged velocity profiles, (b) Reynolds stress <u'v'>, (c) turbulent intensities <u'2>, <v'2>, <w'2>

Fig.2 Contour lines for a turbulent duct flow. (a) X-Y cross section, (b) Y-Z cross section, (c) Z-X cross section. (Center of the duct)

Fig.3 (a) Horizontally averaged velocity profiles from impulsive start to turbulence. (b) Velocity profiles showing the transition from laminar to turbulent flow.

　当時私の研究室では，乱流の計算を行ってる先輩がいまして，どういう乱流かといいますと，2つの平行平板の間を流れる乱流ということなんです

が，それを当時流行していた **LES（ラージ・エディー・シミュレーション）** というやり方で一生懸命計算されていました．そこで，ちょっと面白半分に私の開発した方法でもって計算できないかと，やってみますと，確かに流れは乱れてますし，乱流の統計量も合うし平均量も合う，という結果になりました．

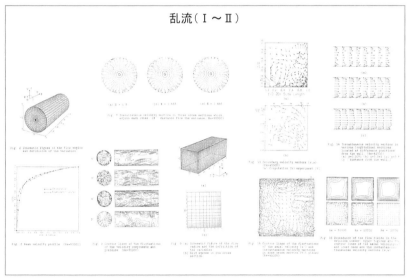

乱流（Ⅰ～Ⅱ）

それからラージ・エディー・シミュレーション，正確には当時のラージ・エディー・シミュレーションではなかなか難しかったパイプ内の流れとか，二つ壁があるような，そういった領域の乱流なんかも，割と実験結果と合うような結果が得られました．

　ただ乱流の研究者には評判が悪くて，そんな簡単な方法で乱流が計算できるわけはない，などさんざんいろんなこと言われたんですけれども，まあ私としては，計算できるものは計算できるという風に開き直っていました．

### 乱流の直接計算（Ｉ～Ⅱ）

- 河村哲也: 乱流の直接数値シミュレーション（最近の研究から）: 日本物理学会誌 第40巻第6号, pp.446-450 (1985)

- T. Kawamura and K. Kuwahara: Direct Simulation of a Turbulent Inner Flow by Finite-Difference method; AIAA Paper 85-0376 (1985)

- T. Kawamura: Computation of Turbulent Pipe and Duct Flow Using Third Order Upwind Scheme; AIAA Paper 86-1042 (1986)

この結果は物理学会でも注目してもらって，物理学会誌の（最近の研究から）というところで記事を書いたり，学会で発表したりしました．このあと，私はアメリカ，NASAに行くことになるんですけれども，私がアメリカに行っている間に，桑原先生が私の方法を非常に広めてくださって，種々の流れに適用し，いろんなところで宣伝してくださいました．

### 数値計算ハンドブック

私，お茶大に移ってから講義の準備をしているときに，分厚い本「数値計算ハンドブック」というのがありまして，その本で有限要素法を調べようと思って，ガレルキン法というのを調べていますと，「ガレルキン法」の下に「河村スキーム」というのが載ってて，これにはびっくりしました．えーって感じですね．あれ，こんなところに載せて貰ってるって感じでびっくりしました．

### NASAで研究
（1回目1985．10－1987．3）

- NASA : National Aeronautics and Space Administration（アメリカ航空宇宙局）
- Ames Research Center : Applied Aerodynamics division
- **圧縮性流れに関する CFDでは世界の中心**

それはともかく，桑原先生が宣伝してくれている間に，私は **NASA** に，桑原先生の紹介で研究留学に行くことになりました．

NASAといいますと，ロケットを研究しているというふうに思うかも知れませんが，NASAというのは「National Aeronauticsand Space Administration」日本語に訳しますと「アメリカ航空宇宙局」といいまして，言いたいことは，航空のことも盛んに研究しているところです．NASA は3つの大きな研究所を持っているのですが，私はエームスというカリフォルニアにある研究所に行きました．そ

のエームスは，圧縮性流れに関するCFDでは世界の中心地になっていたところです．これはエームスの写真です．

## 圧縮性流れ

- 縮みやすい流体と縮みにくい流体
- 縮んだ影響は音速で伝わる
- 流速Vと音速Cの比M=V／Cが重要
- M<0.3（300km/h以下）なら非圧縮とみなせる
- 航空分野で圧縮性流れが重要

ここでちょっと圧縮性についてお話しします．流体には，空気みたいに縮みやすい流体と水みたいに縮みにくい流体があります．ただ，縮んだ影響というのは音波となって音速で伝わります．ということで，大切なパラメータとして流速と音速の比，これ**マッハ数**というんですけれども，マッハ数が重要になってきます．大体マッハ数が0.3，常温の空気で言いますと時速300キロメートル以下の現象だったら，非圧縮とみなせます．したがって，我々が普通に目にする現象はすべて非圧縮なんですが，ただ航空ではそうではなくて，圧縮性流れが重要になります．飛行機は速いですから．

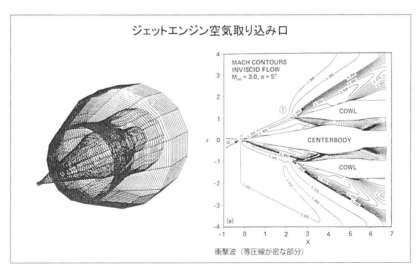

ジェットエンジン空気取り込み口

MACH CONTOURS
INVISCID FLOW
$M_\infty = 3.0, \alpha = 5°$

COWL

CENTERBODY

COWL

衝撃波（等圧線が密な部分）

ということでNASAエームスでは圧縮性の流れが盛んに研究されていました．私がNASAに行ったときに与えられたテーマが，こういったジェットエンジンを過ぎる超音速の流れでして，先端から**衝撃波**が出て，こういっ

た角（図中の①）からも衝撃波が出て，いろいろ干渉おこなったりする，そういうテーマを与えられました．それを計算し，あと計算法も少し工夫した計算も行ってNASAでの義務は果たしたかなという感じで，それらををいくつかの論文に発表したりしました．

**超音速流れ（Ⅱ：NASA）**

• T. Kawamura, W.J. Chyu and D.P.Bencze: Numerical Simulation of Three- Dimensional Supersonic Inlet Flow Fields; AIAA Paper 87-0160 (1987)

• W.J. Chyu, T. Kawamura and D.P. Bencze: Calculation of External-Internal Flow Fields for Mixed-Compression Inlets; Computer Method for Applied Mechanics and Engineering Vol. 64, pp.21-37 (1987)

(Applied Aero Dynamics Branch)

ところで，アメリカは，特に私が行っていたカリフォルニアというのは，非常に天気が良くて，乾燥していて砂漠気候なんですね．それでビールはおいしいし，公園に行くといつもバーベキューの匂いがしてたり，高速道路は5車線あったりして，非常にのびのびしているところです．アメリカに行っている間に，2年の約束でアメリカに行っていたのですけれども，1年経ってもう少しللたときに，また東京に戻るんだ，東京ではすごい満員電車に乗らなきゃいけないし，それから東大では演習をやっていたのですが，またあの嫌な演習が待ってる，数学の演習が待ってる，ということでだんだん憂鬱になっていたところ，

**鳥取大学**

※地図と上の写真はGoogleマップとストリートビュー

鳥取大学に久保先生という先生がいらっしゃって，鳥取大学に助教授で来ないかというお話がありました．どうしようかちょっと迷ったんでが，やはり東京のごみごみが嫌気がさしていたので，鳥取大学に行ってみようという気になりました．

これは鳥取大学の正門の写真です．鳥取大学はどこにあるかといいますと，ここのところがJR鳥取駅で，この真北から少し離れた所に鳥取砂丘があるんですけれども，鳥取大学は鳥取駅の西方に大きな池があり，湖山池といいますが，その近くにあります．

当時，わたしを招んでくださった久保先生というのが，**地面効果翼**というのを盛んに研究されてました．それは何かといいますと，翼の性能が，地面

近く水面近くでは，非常に揚力が上がって抵抗が減るという，そういう性能
向上の現象があります．それを利用して，海の上を飛ぶ高速輸送手段になら
ないかと久保先生は考えておられて，特に離島間の高速輸送手段というのは
不足していますので，そういったところに応用できないか，ということでし
た．久保先生はこういったラジコン模型を作って，この湖山池で一生懸命飛
ばしておられました．これ，着水してしまいますと戻ってこないので，いち
いちボートを漕いで回収して，また戻ってきてまた飛ばす．それがあまりに
体力的に大変だから，CFDで何とかならないか，というお話で，それで多分，
私が招んでもらえたんじゃないかという気がします．

## 表面効果翼（II：鳥取大）

- T. Kawamura and S. Kubo: Numerical Simulation of Wing in Ground Effect; A Collection of Technical Papers of Int. Symp. on Comput. Fluid Dynamics , pp.1037-1042 (1989)

- 久保昇三, 松原武徳, 松岡利雄, 河村哲也: 地面効果翼艇（WIG）の実用化に向けて ; 日本航空宇宙学会誌 39巻　448号, pp236-242 (1991)

出典：「ながれ」9（1990）89-90 巻頭写真

ということがありまして，私が数
値計算を受け持って久保先生と論文
書いたり，あと久保先生は三菱重工
とタイアップして試作機を作ろうと
いうことで，三菱重工の人たちと試
作機を作りました．

どれだけ私のCFDの結果が役に
立ったか分からないんですけれど
も，このように一人乗りの「ミュー
スカイ1」とか, 二人乗りの「ミュー
スカイ2」っていうのを，実際に飛
ばすことには成功しました．ただ残
念ながら，これは商業ベースには乗

らずに試作機段階で終わりました．

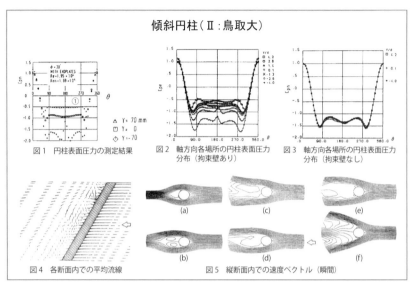

図1　円柱表面圧力の測定結果

図2　軸方向各場所の円柱表面圧力
　　　分布（拘束壁あり）

図3　軸方向各場所の円柱表面圧力
　　　分布（拘束壁なし）

図4　各断面内での平均流線

図5　縦断面内での速度ベクトル（瞬間）

　鳥取でもう一つ収穫だったのは，機械工学科に居られた林先生が，傾斜円柱周りの流れの測定を行っていました．林先生というのは流体実験の先生です．

　林先生の実験によると，表面上の圧力を計測すると，変なピーク（図中の①）が出てしまいます．これは実験の間違いかな，と私のところに相談が来たので，それでは計算してみましょうということで，計算を行うと実際ピークが出ます．これは何か理由がある，ということでいろいろ考えて論文にしたりしました．

## 傾斜円柱（II：鳥取大）

- T. Kawamura and T. Hayashi: Computation of Flow around Yawed Circular Cylinder:　JSME International Journal Vol.37 No.2 pp.229-236 (1994)
- 河村哲也，林農：数値シミュレーションによる種々の傾斜角をもった円柱まわりの流れの研究：日本機械学会論文集（B編）60巻　569号，pp.48-55 (1994)
- T. Hayashi and T. Kawamura: Non-Uniformity in a Flow around a Yawed Circular Cylinder, Flow Measurement and Instrumentation, Vol.6, No.1,　pp. 39-39 (1994)

　鳥取というところは，風光明媚で温泉があったりとか魚がおいしい，ということで堪能していたのですけど，ただやっぱり計算機環境が良くなくて，なかなか大規模な計算をするのが難しい．

桑原先生と計算流体力学研究所

ということでしたが，先ほどの桑原先生が当時，自分の家にスーパーコンピューターを3台持つような流体力学研究所というのを立ち上げられて，ここでいろいろ流体計算をやっておられました．

　桑原先生は，無料で計算機を使わせてあげる，ということで喜んで東京に行ったんですけれども，さすが鳥取から東京に何回も通うのは大変なので，東京に戻りたいな，などと思っていたところ，

千葉大学

※地図と上の写真は Google マップとストリートビュー

　千葉大学にいた河原田先生という先生と，あと三宅先生という先生が，私を千葉大学に招んで下さいました．河原田先生は，さっき言った高見先生の近くの研究室にいたので，私と専門がある程度近いのですが，三宅先生の方は画像処理の大家ですが，いわば私の研究とは全く関係ないにも関わらず，非常にご尽力してくださって，千葉大に移ることができました．

　千葉大はどこにあるかといいますと，ここが JR 千葉駅で東京よりに西千葉という駅があるんですけれども，その目の前に広いキャンパスを持つ大学です．私のいた工学部一号館というのは本当に駅前にあったので，そういう意味でも非常に便利なところでした．

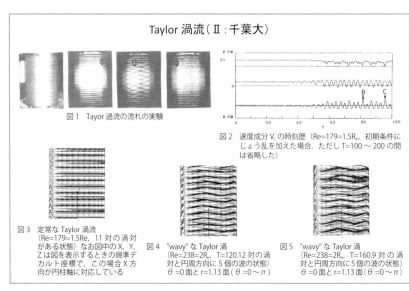

図1　Tayor過流の流れの実験

図2　速度成分 $V_z$ の時刻歴（Re=179=1.5$R_e$, 初期条件に じょう乱を加えた場合. ただし T=100～200 の間 は省略した）

図3　定常な Taylor 渦流
（Re=179=1.5Re, 11 対の渦対 がある状態）なお図中の X, Y, Z は図を表示するときの規準デ カルト座標で, この場合 X 方 向が円柱軸に対応している

図4　"wavy" な Taylor 渦 （Re=238=2$R_e$, T=120.12 対の渦 対と円周方向に 5 個の波の状態） $\theta$ =0 面と r=1.13 面（$\theta$ =0～$\pi$）

図5　"wavy" な Taylor 渦 （Re=238=2$R_e$, T=160.9 対の渦 対と円周方向に 5 個の波の状態） $\theta$ =0 面と r=1.13 面（$\theta$ =0～$\pi$）

そこでやりたかった, **乱流遷移**. 2つの円筒の間を流体で満たして円筒を 回すと, いろいろなパターンが出てきて最終的に乱流になるという, そういっ た乱流遷移の研究であるとか,

### 乱流遷移（Ⅱ：千葉大）

・ 河村哲也, 岩津玲磨：回転同軸二重円筒間 内の流れの数値シミュレーション, 日本機械学 会論文集（B編）59巻558号, pp.382-388 (1993)

・ S. Takahashi, T. Kawamura and H. Takami: The Structure of Turbulent Flow in a Non-Uniform Duct, Proc. 5th. Int. Symp. Comput. Fluid Dynamics, Vol.3, pp.169-174 (1993)

### 環境関連（Ⅱ～Ⅲ）

・ Y.Harazono, M.Yoshimoto and T.Kawamura： Photosynthesis Rate Distribution and Light Use Efficiency within a Soybean J.Agric.Meteorol 52(4), pp. 281-291(1996)

・ T.Kawamura, S.Wang and H.Takami: Numerical Simulation of Sand Transfer Caused by Fluid Flow, Proc. 2nd Asia workshop on compt. Fluid Dynamics, pp. 199-202(1996)

・ 河村哲也：計算流体力学の環境問題への応用 京都大 学数理科学研究所講究録 974「計算流体力学に関わる 数理的諸問題」, pp.208-215,1996.11

今日来ておられるニコンの高橋さ んと, 変形ダクト内の乱流の計算と か, そういうのを行ったりしました.

千葉にいるうちに, だんだん自分 の興味が環境関連の流体をやりた い, というように移ってきました. それは自分の計算を何か実際に役に 立てたいということと, その頃環境 科学が流行りだしてきたから, とい うことで, 環境がらみの流体をやり

たいと考えてました.

　千葉大では情報工学科というところにいました. 私の専門はCFDでして, 大規模な計算をするという意味では情報には関係しますけれども, 情報工学をやりたいと入ってくる学生には, やっぱり主流ではないのでちょっと気の毒な気がします. 私の研究室に来た学生は, もちろん真面目でみんなよい学生だったんですけれども, ちょっと気の毒な思いをしていました.

---

### お茶の水女子大学
- 情報科学科 (1990年設立) : 数学科が母体
- 自然科学と情報の融合
- 数学 : 小山, 竹尾, 浅本
- 物理 : 佐藤, 渡部
- 化学 : 細矢, 長嶋
- 応用数学 (確率) : 笠原, 吉田
- 情報 : 藤代, 粕川, 市川
（環境科学 : 内嶋→河村?）

---

　そうこうしているうちに, お茶大で環境科学と情報科学の中間をやる人がいないか, そういう人を探しているという話を聞きました.

　お茶大の情報科学科というのは, 1990年に理学部5番目の学科として出来た, もう30年になりますけれど, 設立された学科です. 数学科が母体となっていまして, 設立の趣旨というのは, 自然科学と情報の融合を目指す, ということで数学と情報科学との関連分野で, 小山先生, 竹尾先生, 浅本先生とかいらっしゃったし, あと物理と情報の中間ということで佐藤先生とか渡辺先生とか, あと化学との中間で細矢先生とか長嶋先生, あと笠原先生, 吉田先生は多分応用数学との中間かと思います. 情報プロパーの先生は, 藤代先生とか粕川先生, 市川先生とかいらっしゃいました. 私の前任者は情報とは全く関係なくて農学の出身の内嶋先生だったんですが, 環境科学をやっておられるということで, この講座が情報に取れるということで, まあ一応表向きは環境と情報の中間をやっている, ということで合致したというわけです. たまたま千葉大で情報関連から環境関連のCFDということをやりたいということで, それが幸いしたというか, ということでお茶大に移ることになりました.

砂の移動（III）

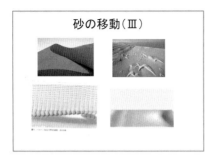

　それで，お茶大では環境関連のいろいろな計算をしましたが，例えばこれは，私の学生だった菅さんという学生が，砂丘のところに典型的な砂丘地形が出来ますが，それをシミュレーションで再現しました．これは菅さんと行った研究です．

様々な砂丘地形

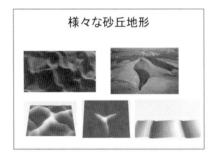

　あと中国からの留学生の張さんという学生と，星形砂丘とかいろいろ変わった砂丘が，上空の風の吹き方で出来てくるとか，そういうシミュレーションをしたり，

洗掘現象（III）

図2　円柱周りの洗掘現象（200秒後）

https://twitter.com/klimt1918/status/305204368565751808?lang=fi

　あと，これは土木関係なんですが，橋脚の周りの砂が掘られてしまうという**洗堀現象**のシミュレーションを行ったりしました．

## 砂の移動（Ⅲ）

- M.Kan and T.Kawamura: Numerical Simulation of the Formation of the Barchan Sand Dune, Theoreical and applied Mech. Vol.48, pp. 349-354(1999)

- T.Kawamura, M.Kan and T.Hayashi: Numerical Study of the Flow and the Sand Movement around a Circular Cylinder Standing on the Sand, JSME International Journal Series B, Vol.42, No.4 pp.605-611(1999)

- R.Zhang, M.Kan and T.Kawamura: Numerical Study of the Formation of Tranverse Dunes and Linear Dunes, Journal of the Physical Society of Japan, Vol.74 No.2 (2005)pp.599-604

これをこういった論文にまとめたりしました.

## 熱対流（Ⅲ）

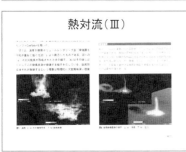

あと，桑原先生が昔，熱対流，特に**火災旋風**の計算をやってたので，それをいま，日大にいる小紫さんと一緒に，3次元にして計算を行ったりして，この可視化が非常に見事で，きちんと竜巻の芯が見えたりして，これはかなり注目された研究に

なりました.

## 熱対流（Ⅲ）

- S.Komurasaki,T.Kawamura and K.Kuwahara: Vortex Breakdown in Fire Tornado, Theoreical and applied Mech. Vol.48, pp. 331-338(1999)

- 菅牧子，河村哲也，岩津玲磨: 低マッハ数近似による熱対流の数値シミュレーション，日本機械学会論文集B編 65巻 629号, pp. 108--115(1999)

- Toward the Numerical Simulation of Flows Induced by Room Fire, Journal of Physical Society of Japan, Vol. 69, No.4,pp.1075-1083(2000)

それでこういうところで発表したりしました.

## 磁性流体（Ⅲ）

- M.Iwata, T.Kawamura and N.Wakayama: The Effect of the Magnetic Field on the Air Flow by Numerical Simulation, Theoreical and applied Mech. Vol.49, pp.205-212(2000)

- M.Iwata, T.Kawamura and N.Wakayama: Numerical Study of the Magnetic Effect on the Compressive Air Flow at an Intake, Japanese Journal of Applied Physics Vol.39,pp. L259-L261(2001)

その他いろんな環境関連のことをやりましたが，その他，磁性流体であるとか圧縮性流れであるとか，あと計算法の開発であるとか，ということもやりました.

## 圧縮性流れ（Ⅲ）

- T. Oda Y. Tamura and T. Kawamura : Numerical Simulation of Blast Waves in a Closed Space, (Natural Science Report of The Ochanomizu University,Vol.53, No.1, pp.79-84(2001)
- M.Y. Lee, K.Kuwahara and T.Kawamura : Simulation of Unsteady Flows at High Angle of Attack, AIAA Paper 2004-2136(2004)
- M.Y. Lee, K.Kuwahara and T.Kawamura : Simulation of Interaction Between Shock Wave and Boundary Layer in Supersonic Flow, AIAA paper 2005-1108(2005)

## 細長い領域における計算法（Ⅲ）

- K.Miyashita and T.Kawamura: Comparison of various numerical schemes for two dimensional simulation of river flow, Theoretical and Applied Mechanics Vol.54 (2005)
- T.Kawamura and K. Miyashita : A Numerical Method for Calculations of Flow in Long Region with Branch, Natural Science Report of the Ochanomizu University Vol.58(1) pp.45-55,2007
- Tetuya Kawamura:Numerical Method for Simulating Thermal Convection in a Long , Channel Standing Vertically, Natural Science Report of the Ochanomizu University Vol.59(2) pp.37-46,2009

## 流体機械（風車）（Ⅲ・Ⅴ）

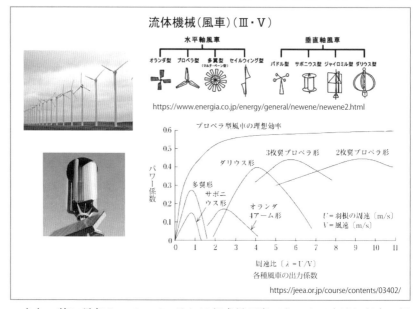

https://www.energia.co.jp/energy/general/newene/newene2.html

https://jeea.or.jp/course/contents/03402/

　あと，特に長年やっていて，それほど成果が出てないんですけれども，風車周りの流れというのは，昔から割と関心があります．

　風車といいますと，普通はこのようにプロペラ型の風車なんですが，世の中には変わった風車があります．これらは**垂直軸型風車**という風車であり，私は新規に風車に参入しましたので，プロペラ型風車のCFDはすでに盛んに行われてたので，それでは太刀打ちできないということで，わざと垂直軸型に着目しました．これは**クロスフロー風車**というのですが，そういう計算をいくつか風車を変えてやっています．

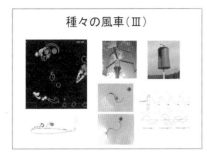

種々の風車（Ⅲ）

　例えばこれは直線翼の垂直軸型の風車で，このような風車もありますが，その周りの流れの計算を学生さんとやったり，これは**サボニウス風車**という風車で，圧力分布とかトルクが図に描いてあります．

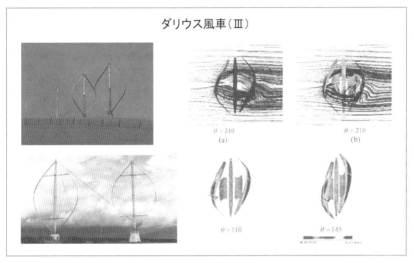

ダリウス風車（Ⅲ）

$\theta = 210$
(a)

$\theta = 210$
(b)

$\theta = 110$

$\theta = 145$

　あと鉛直軸型では，実用化されてアメリカでときどき見るんですけれども，**ダリウス風車**という変わった風車があります．そういった周りの流れの研究をしたりしました．

流体機械（風車）（Ⅲ・Ⅴ）

- T.Kawamura, K.Miyashita and T.Hayashi: Application of the Domain Decomposition Method to the Flow around the Savonius Rotor, Proc. 12th Int. Conf. on Domain Decomposition Method, pp. 393-400(2000)

- T.Kawamura, Y.Sato, A.Shinohara and M. Kan: Numerical Study of the Flow and Dynamics around a Cross-Flow Turbine, Theoretical and Applied Mechanics Vol.51, pp.231-240(2002)

- M.Y.Lee and T.Kawamura: Numerical Simulation and Visualization of the Flow around the Darius Wind Turbine, Journal of Computational Fluids Engineering, Vol.10 No.1 (2005)pp.45-50

- Yoko Mizukami and Tetuya Kawamura:Numerical study of the performance of straight-wing vertical-axis wind-turbine with two blades,CFD Journal vol.17 no.1 pp.24-29,2008

　それで，一応 CFD の研究者としては多くの種類のことをやってきました．これは論文の例です．

ところで研究室にいた桑名さんという，今は群馬大の助教である桑名さんが，「先生こんな記事があります」というのを持ってきてくれたのが別冊宝島という雑誌で，これはたぶん受験生相手の特集だと思いますが，大学ランキングというのがありまして，分野ごとにいろいろどこですぐれた研究をやってるか紹介する，という雑誌があります．94分野を載せていますが，それを見ると「流体物理」というのがあります．それでこれ，小さいんですけれどもここに，京大とか九大とかいろいろ書いてあるんですが，

ここを拡大してみますと，「Next Excellence」って書いてあり，そこに何とお茶の水女子大学理学部情報科学科というのが載っています．それで，お茶大で流体，CFDをやってるのは私しかいない，というので，よく見ると「流体につきものの数値計算の達人」と書いてあり，達人にされてしまったんですけれども（笑）「達人がおり，流体のあらゆる分野の計算を行う」というふうに書いてありまして，これは非常にうれしかったです．あとユニークな研究を行っているところにさっき言った地面効果翼も載っています．

**研究業績**

- 査読論文数(やっと100報超えました)
- 国際学会Proceedings(75報程度)
- 講演録など比較的長い論文(30報程度)
- 国内学会:多数(お茶大では160件程度)
- 科学研究費(お茶大では基盤Bが2回，基盤Cが3回その中で風車関連3回)
- 企業との共同研究(リコー，日東紡，ニコンなど)

ということで，研究業績，この前まとめてみたんですが，査読論文というのがやっと100報，共著も多いですけれども，やっと100報を越えました．大学の研究者になったら100報くらい必要かなと思ってましたので，目標は達成できたかなと

思っています.

あと，国際学会，といっても国内で開催されたものが多いのですが，それらのプロシーディングスが75報程度，あと最初に言った京大の数理研の講究録など，比較的自由に書ける，査読はないのですが，長い論文が30報程度です．一方，国内学会は多数発表していていちいち数えてないんですけれども，お茶大に来てから160件程度，主に学生さんが発表したものですが，そのくらいあります.

あと，科研費なんですが，お茶大に来てから基盤のBとかCとか小さいですが，Bが2回，Cが3回です．そのなかで風車関連は3回採択してもらっています．その割にあまり成果が出ていないので，これからもう少しきちんとやらなければならないなと思っています.

結局，私お茶大にいたのが24年間ですが，そのうち後で言いますが8年間まったく研究できなかったので，研究期間は実質16年になります．それで科研費は一回当たると3年間続きなので15年分，それと，あとリコーとかニコンからも寄付金をもらったので，ほぼ研究費には苦労しませんでした.

## ▍社会活動······································································

次に社会貢献の話をしたいと思います.

### 2 社会活動

by enlightenment activities

#### 社会活動を振り返って

- 人によって活動（貢献）の仕方は様々
- 自分にあったやり方で

→ 理想は研究成果が社会に役立つこと
→ 学会活動，委員会活動
→ 私の場合は啓蒙活動
  著作（分かり易い本）
  翻訳（日本ではめずらしい本）

国立大学というのは税金で運営していますので，やはり社会貢献しなければとは思っています．ただ人によって貢献の仕方はいろいろありますので，自分に合ったやり方でやればいいと思います.

一番理想は，研究成果が社会に役

立ってくれたら，一石二鳥ということになります．河村スキームをどれだけ使ってもらったか知りませんし，それは未知数です．あと，地面効果翼は，実用化されなかったし，風車もまだまだということなので，研究の分野では，社会に役立ってない感じがします．ただ，先生によっては学会活動を通したりとか，委員会活動を通して社会貢献なさっている人もいます．

　私の場合の社会貢献は，啓蒙活動と割り切ってます．一つは分かりやすい本を書いて，例えば数学の分かりやすい本を書くと，それが社会貢献になるのではないかということと，あとは翻訳ですね，日本ではなかなか類書がないような本を翻訳すると，それはそれなりに役に立つことではないか，ということです．

---

### 裏話（初版の部数や価格）

- 一般に本を作るのにかけた費用から決める
  ⇒　初版を売りきれば出版社は元がとれる
- 専門書はあまり売れないので出版社は慎重
- 著者がTexなどである程度準備する必要
- 印税は5〜10%
  （0% や逆に買取り，さらに自費出版などもある）
  例　3000円の専門書　500部　印税5%
  3000×500×0.05 = 75000 円（割に合わない？）

---

　ちょっと裏話になりますが，本を書くのはどの程度のものかということについてです．初版の部数とか価格を出版社がどうやって決めるか，ということの多分一例なんですが，一般に，出版社も儲けが必要なので，本を作るのにかけた費用を回収するのに，初版が売り切れたら元が取れるという，そんな計算をしています．版を重ねるとあとは純粋な儲けとなる，ということで，初版が売り切れるかどうかということが本屋さん，出版社にとって非常に大事なことなんです．

　ですので，重版が出てさらに進むと，また次に本を書いてくれないかというオファーがくるわけですが，初版でボツになるともう声がかからなくなるという話になります．

　それはともかくとして，専門書はあまり売れないので出版社は慎重になります．それで著者のほうがある程度，完成原稿に近い形で準備する必要があります．

　印税は，昔は10%くらいあったんですが，今は5%とか0%とか，逆に何冊買い取るんだったら本を作りますという，そういうところもあります．例えば3000円の専門書を書いたとします．そして500部刷ったとします．印税が5%とします．そうするといくらお金が入ってくるかといいますと，

75000円なんですね．3000円の専門書を書くのはかなりの労力が要りますので，決してこれは本を書いて儲けようと思うと大間違いです．

**著書**
- 偏微分方程式の差分解法（東大出版会）初めて 1994
- 流体解析I（朝倉書店）初めての単著 1996
- その後，他に岩波書店，共立出版，サイエンス社，
  山海堂，インデックス出版などから多数出版
  〇比較的評判が良かったもの（単著）：
  　キーポイント 偏微分方程式（岩波）1997
  　数値計算入門（サイエンス社）2006
  〇シリーズ本
  　理工系の数学教室1〜5（朝倉書店）2003-2006
  　環境と科学(1)〜(4)（山海堂）2003（日本図書館協会
  　選定図書）

ということですが，私の書いた本はいろいろあり，最初に書いたのが高見先生と共著で，東大出版会から1990年に書いた「偏微分方程式の差分解法」という本で，高見先生が前半半分を，後半半分を私が書いたものです．それが私にとって初めての著書になります．

それから，朝倉書店から「流体解析1」という本を書きましたが，それは初めて自分一人で書いた本ということで，これは1996年のことです．

幸いこの2冊，5回か6回増刷されたので，本屋さんには一応迷惑かけなかったな，という感じです．

その後，この2つの出版社以外に，岩波書店とか共立出版とかサイエンス社とか，いまはもうないですけれども山海堂とか，あとちょっと小さな出版社とか，こういうところから多数出版しています．

そのなかで，比較的評判がよかったもので，一人で書いたものに，岩波から出した「キーポイント偏微分方程式」と，サイエンス社から出した「数値計算入門」というのがあります．

**著書**

これが先ほど言った最初の本で高見先生と書いた東大出版会から出た本で，これは自分で一人で書いた本です．それから，これが岩波の「キーポイント」でこれがサイエンス社の「数値計算入門」です．この「キーポイント」は1997年に書いたんですけれども，まだ版を重ねてまして，去年の11月にまた版を更新ということで，16刷までいっています．

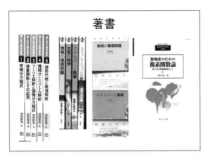

関数論」というのを書きました.

あとこれはあまり売れなかったんですけれども，自分で単独で書いたシリーズ本で「理工系の数学教室」とか，あるいはこの「環境と科学」というシリーズとか書いています．割と最近，サイエンス社から別冊数理科学というシリーズの中で「複素

これに対して，書評をもらいまして，言いたかったのはここなんです．はじめの方で述べた鳥取の学会にこの書評してくださった先生（大阪大学河原源太教授）が来ておられまして

「この学会には河村氏の恩師にあたる高見穎郎東大名誉教授，高見先生の恩師にあたる今井功東大名誉教授も出席しておられた．本書が対象とするのは，複素関数論あるいは複素解析といわれる数学の分野であるが，今井先生は「複素解析と流体力学」（日本評論社）を，高見先生は「複素関数の微積分」（講談社）をそれぞれ執筆しておられる．つまり，師弟3代にわたって複素関数論に関する書物を著しておられるわけである．」というふうに，一応，尊敬する今井先生，高見先生のあとに私がいると言ってもらえたので，私にとっては非常にうれしかったことです．ということで，この部分をださせていただきました．

あと，翻訳書としてはこういうの
を出しています．

この「トリトン」というのは，人
の名前なんですが，オックスフォー
ドから出ている流体物理の本で，非
常にユニークな本なので，これ訳し
たいということで，インデックス出

---

**翻訳書**

- 数値格子生成の基礎と応用(丸善)
  1994 (336p)
- トリトン流体力学　上下(インデックス出版)
  2002 (338P+305P)
- 風車の理論と設計(インデックス出版)
  2007 (488p)
- 関数事典(朝倉書店)2013 (696p)

---

版に出してもらったりしたり，あと共訳になりますけれど，「関数事典」と
いう分厚い本を訳したりしています．

これがトリトンが書いたオックス
フォードから出た「Physical Fluid
Dynamics」で，これが訳ですね．
あと，先ほどの「関数事典」とか，
そういうのを翻訳しています．

## ■ 大学運営 ·····························································

次に大学運営について述べます.

```
3　大学運営

with hard talk
```

### 大学運営

- 組織の一員として必ず必要なこと
- 学科単位 < 学部(専攻)単位 < 大学単位
- 右にいくほど組織に及ぼす影響大
- いろいろな仕事があり, 多くの場合, 仕事の
  種類は大学や学部, 学科の大きさに無関係
  ⇒ 大きな大学, 学部, 学科の方が相対的に
  メンバーに割り振られる仕事は少なくなる
  ⇒ お茶大は不利

大学運営は教育・研究を主体にしている教員にとっては雑用といってしまえば雑用なんですが, 大学という組織に属しているからには, 大学人は必ず大学運営には携わらなければならない, ということがあります. それも学科単位の仕事もあれば学部・専攻単位の仕事もありさらに大学単位の仕事もあります. 右に行くほど組織に及ぼす影響が大きくなります.

いろいろな仕事がありますが, 多くの場合, 仕事の種類や数は大学や学部, 学科の大きさには無関係です. したがって大きな大学とか学部とか学科のほうが一人に降ってくる仕事が少ないので, 私は小さな学部とか小さな学科を作るというのは全くばかげたことだと思っています.

そういう意味で, お茶大はすべて小さいので, お茶大の先生方はかなり不利になってるかな, と思っています.

### 3. 大学運営を振り返って

- 学科:学科長(主任), 会計係, …
- 学部・大学院:専攻長, 評価委員, …
- 大学:先端融合系長兼研究推進社会連携
  室長, 理事・副学長(国際・研究担当)
- Ⅲの期間はラッキー⇒あとでツケを払う
- 幻の学部長(再選挙:塚田先生と吉田先生)

私は, 学科単位では学科長とか会計係とかいろいろやって, 学部・大学院単位では専攻長とか評価委員とかやりました. 大学単位では, 系長という職がお茶大にありますが, それとあと室長という職, それから理事・副学長という, これについては

国際交流と研究担当ですが，そういうのをやりました．

Ⅲの期間，40代のとき，当時，私が移って間もなく大学院が改組されて，なぜか私は大学院専任教官になって，情報科学科のほうは兼担ということになりました．兼担の身分では学科長にはなれないというルールがあって，長年学科長をしなくて済んだことは私にとってすごくラッキーだったのですが，あとで大きなツケを払うことになります．

| 先端融合系長 |
| --- |
| ・大学院計画委員会で自分が言い出したもの<br>・メンバーには研究費が多く配分され研究中心に活動(10〜12人)<br>・アウトプットを出す必要 → 雑用を一手に引き受けた<br>・何故か室長もくっついていて，自身の研究活動は大幅にダウン<br>・科学技術振興調整費(テニュアトラック普及定着事業)獲得に寄与 |

また，幻の学部長で終わったのですが，実は私，2回ほど理学部長に選ばれていますが，2回ともしなくて済んだという経緯があります．

最初，先端融合系長というのをやりました．大学は何か組織を変えるのが好きで，大学院をまた変えるということで，大学院計画委員会という委員会が出来まして，そこでメンバーに入れって強制的に，当時執行部にS先生という怖い先生がいらっしゃって，強制的にメンバーにされてしまいました．それで会議に出てて，何かアイデアを出せ，とか言われました．常々私は，大学の教員というのは研究をしなければならない，お茶大は研究の面では不利だから，少なくともある期間，研究に専念できるような部署があったらいいなと思っていました．もちろんメンバーは入れ替えますけれども．

ということで，先端融合系というところ，名前は私が出したのと違ってるかも分かりませんけれど，そういう組織を作ったらよい，と言い出したら，当時の執行部に採用されてしまいました．そこの系に属しますと，研究費は他の先生よりも多く配分されて，研究中心に活動できる，というわけです．

ということで，これもS先生から自宅にまで電話がかかってきて「お前が言い出したのだから，先端融合系に入れ！」って言われました．それでそこの初めての会合に行ったら，みんな若い先生ばかりで，(これはまずいな)って思ったんですけれども，案の定，系長にされてしまいました．

とにかく研究費をたくさん貰ってるわけですから，アウトプットを出す必要があります．でも雑用は同じだけ降ってきます．一方，メンバーには研究

してもらわなければならない，ということで，系長が責任取って雑用を一手に引き受けたので，自分の研究はほとんどストップしました．なぜか先端融合系長には室長もくっつきました．他の系はくっついていなくて，先端融合系だけは「研究推進・社会連携室長」というのもくっついていて大変だった，ということです．

　そのときにやった仕事で，系長または室長どっちの立場でやったか知りませんけれども，文科省の科学技術振興調整費（テニュアトラック普及定着事業）というのがありまして，それを大学で出すということになりまして，当時副学長であとで学長になられる羽入先生が中心になって，これをまとめておられました．それでなぜか羽入先生に気に入られて，手伝ってほしいということで，例えばアカデミックプロダクションを作るとかいうアイデアを私が出しました．幸いこの事業は採択されて優秀な先生方をいろいろ採用することができて，それはそれでよかったんですけれども，そういうのに少し寄与できたと思います．

---

### 理事・副学長として

- ともかく大学をよくすることだけ考えた6年間：
  研究室維持だけは許可を得たが，研究活動は
  全くストップ
  （文系の先生や事務職員の方と知り合えた）
- アカデミックプロダクションの運営（事後評価A）
- 科研費の採択率向上
- グローバル化：協定校数や留学する学生増
- 特別経費
  平和構築事業（グローバル協力センター）
  シミュレーション科学事業

---

　そこで羽入先生の目に留まってしまって，まずかったんですけれども，ちょうど先端融合系長が終わって普通の教員に戻れて喜んでたところ，先ほど言いましたが，選挙で理学部長に選ばれてしまいました．これは困ったものだ，と思ってたところ，そのときに学長に選ばれた羽入先生から呼び出されて，国際と研究担当の理事・副学長になってくれないか，と頼まれました．それで（学部長なんて）と途方に暮れていましたので，理事ってどんな仕事か全く知らずに，「2年だったら引き受けます」というふうに言って引き受けてしまって，大変な目に遭うことになります．結局6年間も続けることになりました．

　その6年間は，ともかく大学をよくすることだけ考えました．ただ理事から普通の教員戻りますとその間に研究室がつぶれてしまっています．それを避けるため，研究室維持ということは許してもらって，学生を取ることの許可をとって，教育だけはやりました．

ただ，悪いことばかりではなくて，文系の先生方や事務職員の方々といろいろ知り合いになれたということは，うれしかったことです．

　理事・副学長の仕事はいろいろありますが，そのなかで特別に私に課された仕事は先ほど言った「アカデミック・プロダクションの運営」です．この事業は，文科省側は，「テニュアトラックの人をたくさん雇って，ほとんどすべての人をテニュアで雇いなさい」というものですが，本学は9人雇って3人しかテニュアに雇えない，ということで，採択当初からいろいろ文科省から睨まれてて，私としては沢山の人を雇ってほしかったんですけれども，学長が小さい大学なので到底無理だということで，やはり3人しかテニュアに出来ませんでした．それでも何とか事後評価Aを得られたというのはうれしかったことです．

　あと研究担当の理事として頑張ったのは科研費の採択率の向上ということと，国際担当の理事としては今日来ておられる家族社会学が専門で担当評議員だった石井先生に随分手伝ってもらったんですけれども，グローバル化ということに心を砕きました．あと理事には特別経費を取ってくるという仕事がありますが，平和構築事業とかシミュレーション科学事業というのを始めました．

　理事になると何回も文科省に行くのですが，例えば一つ重要な行事に，毎年8月に，前年度に何をしたかというと実績を持って文科省へヒアリングを受けに行きます．

　これは平成26年度にもっていったものの一部分です．私は27年の3月まで理事でしたので，最後の年で，その前年度の実績を文科省にもっていきました．こんな資料をずっと忘れていたのですが，偶然部屋を整理して見つけたので，それを見てみますと

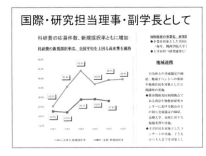

ここに科研採択率が書いてありまして，青が全国平均，赤がお茶大なんです．それで平成21年というのは前の執行部の責任なので，私の責任は平成22年からということなので，ずっと平均より10％以上であったのはうれしかったことです．

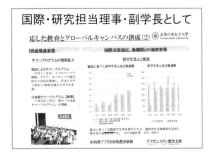

あと，国際のほうは先ほど言った石井先生の強力なサポートがありまして，例えば協定校数は，私がなる前は40校くらいだったのが，平成26年の時点で1.5倍の61校になって，これも最終的にはもう少し増えます．それに従って，協定によって来る留学生と派遣する学生もずっと伸びています．このように，まあ一応理事としての役割は果たせたかなと思っています．

| 大型外部資金への挑戦 |
| --- |
| ・ 予算的な面よりも，大学の名声を保つ上で重要 |
| ・ ポストドクターキャリア開発事業　5年　2.5億円 |
| ・ グローバル人材育成推進事業<br>　　　　　Type A（全学推進型）　5年　5億円 |
| ・ 博士課程教育リーディングプログラム<br>　　（複合領域型：横断的テーマ）　7年　16億円 |

特に私が頑張ったのが，大型外部資金への挑戦です．これは予算的な面というよりも，大学の名声を保つ上で重要と考えました．

例えば，「博士課程教育リーディングプログラム」というのがあります．これに採択されないと，（お宅の大学院は一段落ちるんじゃないか）という印象を世間に与えてしまいます．非常に悪い，または酷なネーミングだと思います．したがって今，「卓越大学院」というのを募集していますけれど，それも落ちてしまいますと（お茶大は卓越してない）という印象を与えますので，これは現執行部に是非獲得してほしいと思っています．

特に，私が獲得できたのはこの3つの文部科学省の事業です．これ年代順

になってますけれども，最初はポスドク対策の「ポストドクターキャリア開発事業」というので，これ5年間で毎年5千万の補助があったので，2.5億円きました．あと「グローバル人材育成事業」というのは，これ単年度だけの募集でしたが，タイプAという大きいほうの予算が獲得できて，5年間で5億円ほどもらえました．あと「博士課程教育リーディングプログラム」という，今年で終わってしまったプログラムですが，いろいろカテゴリーがありそのなかの「複合領域型横断的テーマ」に採択されて7年間で16億円もらえました．

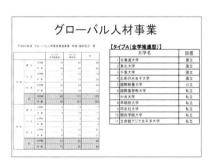

それでグローバル人材事業ですが，応募大学が41大学あります．そのうち国立が18校，私立が18，公立が5です．

国立だけを見ますと，タイプAという大型の方ですが，採択された大学はたった4校で，北大と東北大と千葉大とそしてなぜかお茶大が採択されました．ということは，東大とか京大とか全部落ちています．ということで国際課に有名大学から電話がかかってきまして「申請書見せてくれ」というふうに言われたそうです．ということでなぜかわかりませんが，ともかくこれは獲得できました．

次にリーディング大学院です．先ほど少し述べましたが，3つカテゴリーがあって予算規模の順に「オールラウンド型」と「複合領域型」と「オンリーワン型」があります．これは3年間の募集でした．23年度24年度25年度です．

23年度が私が中心になって「人類が直面する課題に挑戦する理系グローバル女性リーダーの育成」という表題のプログラムを構想しました．何も分からなかったのでこういうテーマで出して，幸いヒアリングまで行けたので

すがそこどまりでした.

　24年度は学長の意向があって, 理系は別の分野で出しなさいということ
で, 私はあまり関与しなかったのですが, これについてはヒアリングにも行
かずに落ちてしまいました.

> **リーディング大学院**
> ・当初はお茶大程度の規模の大学ではプログラムを1本化したいという学長の意向
> ・オールラウンドの申請には決して迷惑をかけないという条件で学長の許可をもらう
> ・ほぼ1年がかりで準備
> ─ 過去の採択大学に出向いて情報収集
> ─ 高エネ研, 産総研, 物材研, 理研・・・
> ─ ソニー, 日立ソリューション, WWF, ・・・

　ということで, 最終年度の25年
度になります. 当初はお茶大みたい
な小さな大学では2本も出すのは無
理だから一本化したい, という学長
の強い意向がありまして, それは尤
もな話でした. といいますのは, 一
つのプログラムのメンバーを決めま
すと2つは掛け持ちできないためです. ということで学長はオールラウンド
で出したかったわけです. 一方, 私も挑戦したかったので, オールラウンド
の方で考えているメンバーは入れない, 決してもう一つのプログラムには迷
惑はかけないという条件でようやく学長の許可をもらいました. 許可をも
らってから, 理学部長とほぼ1年がかりで準備しました.

　で何をやったかと言いますと, 過去の採択された大学に出向いて, 頭を下げ
ていろいろ情報収集しました. 私は理事をしていましたので, 向こうも割と丁
重に扱ってくれて, 有力大学であっても理事が対応してくれました. それから
大きな研究所, 共同研究先の高エネ研とか産総研とか物材研とか理研とか行っ
たり, あと主だった企業に行ってどういう女性人材が必要とされてるかを聞い
てまわりました. このような情報収集しながら1年がかりで準備しました.

> **リーディング大学院**
> ・オール: QOL(Quality of Life)センシティヴな社会を築くための博士課程プログラム
> ・複合(横断的テーマ):「みがかずば」の精神に基づきイノベーションを創出し続ける理工系グローバルリーダーの育成
> (物理・数学・情報の基盤力とチームスタディを基にしたお茶大型理工学ソフトリーダー育成プログラム)

　それで結局お茶大から2つ出しま
した. オールラウンド型と, 私が中
心になって出した「みがかずばの精
神に基づきイノベーションを創出し
続ける理工系グローバルリーダーの
育成」という表題のものです.

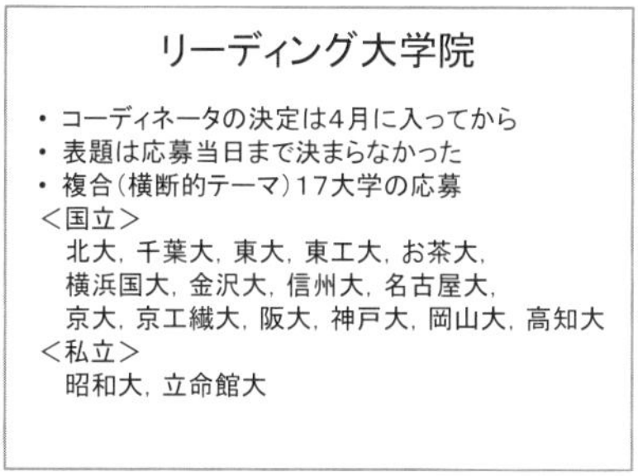
リーディング大学院
• コーディネータの決定は4月に入ってから
• 表題は応募当日まで決まらなかった
• 複合（横断的テーマ）17大学の応募
<国立>
北大，千葉大，東大，東工大，お茶大，
横浜国大，金沢大，信州大，名古屋大，
京大，京工繊大，阪大，神戸大，岡山大，高知大
<私立>
昭和大，立命館大

このプログラムで大事なのはコーディネーターですが，コーディネーター誰にしようか迷ってるうちに，申請は5月か6月が締め切りだったのですが，4月になってからようやく決めました．

それから先ほど言った「みがかずば」という表題は，応募当日までいろいろ迷いに迷って，この表題にしました．

ということでふたを開けてみますと，複合領域の横断的テーマというのは17大学から応募がありました．国立ではいわゆる旧帝大5校，北大，東大，名古屋大，京大，阪大という大物が応募しまして，その他に東工大など著名国立大学も沢山応募しました．あと私立が2校ということで17校の応募です．

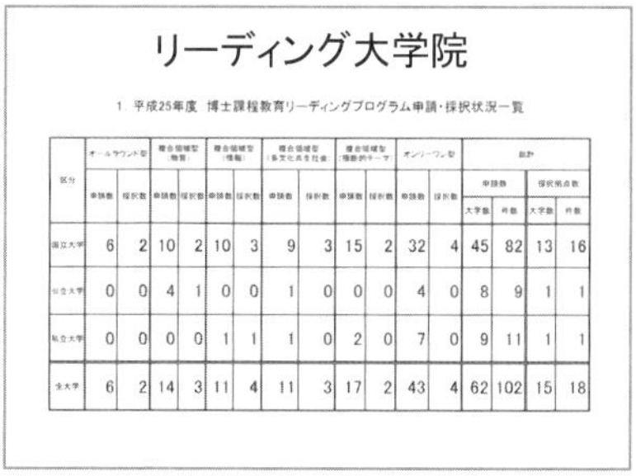
リーディング大学院

1．平成25年度 博士課程教育リーディングプログラム申請・採択状況一覧

| 区分 | オールラウンド型 | | 複合領域型（物質） | | 複合領域型（情報） | | 複合領域型（多文化共生社会） | | 複合領域型（横断的テーマ） | | オンリーワン型 | | 総計 | | | |
|---|---|---|---|---|---|---|---|---|---|---|---|---|---|---|---|---|
| | | | | | | | | | | | | | 申請数 | | 採択拠点数 | |
| | 申請数 | 採択数 | 申請数 | 採択数 | 申請数 | 採択数 | 申請数 | 採択数 | 申請数 | 採択数 | 申請数 | 採択数 | 大学数 | 件数 | 大学数 | 件数 |
| 国立大学 | 6 | 2 | 10 | 2 | 10 | 3 | 9 | 3 | 15 | 2 | 32 | 4 | 45 | 82 | 13 | 16 |
| 公立大学 | 0 | 0 | 4 | 1 | 0 | 0 | 1 | 0 | 0 | 0 | 4 | 0 | 8 | 9 | 1 | 1 |
| 私立大学 | 0 | 0 | 0 | 0 | 1 | 1 | 1 | 0 | 2 | 0 | 7 | 0 | 9 | 11 | 1 | 1 |
| 全大学 | 6 | 2 | 14 | 3 | 11 | 4 | 11 | 3 | 17 | 2 | 43 | 4 | 62 | 102 | 15 | 18 |

これは到底駄目だと思ってたんですけれども，複合領域型で17校の中で，採択が2校だけでした．

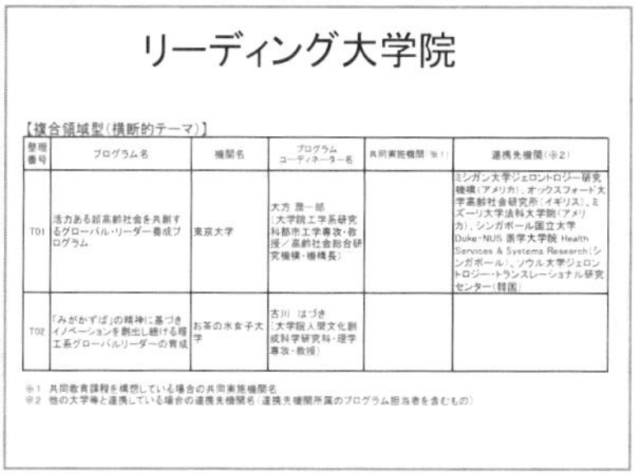
リーディング大学院

【複合領域型（横断的テーマ）】

| 整理番号 | プログラム名 | 機関名 | プログラムコーディネーター名 | 共同実施機関（※1） | 連携先機関（※2） |
|---|---|---|---|---|---|
| T01 | 活力ある超高齢社会を共創するグローバル・リーダー養成プログラム | 東京大学 | 大方 潤一郎（大学院工学系研究科都市工学専攻・教授／高齢社会総合研究機構・機構長） | | ミシガン大学ジェロントロジー研究機構（アメリカ），オックスフォード大学高齢社会研究所（イギリス），ミズーリ大学法科大学院（アメリカ），シンガポール国立大学Duke-NUS医学大学院 Health Services & Systems Research（シンガポール），ソウル大学ジェロントロジー・トランスレーショナル研究センター（韓国） |
| T02 | 「みがかずば」の精神に基づきイノベーションを創出し続ける理工系グローバルリーダーの育成 | お茶の水女子大学 | 古川 はづき（大学院人間文化創成科学研究科・理学専攻・教授） | | |

※1 共同教育課程を構想している場合の共同実施機関名
※2 他の大学等と連携している場合の連携先機関名（連携先機関所属のプログラム担当者を含むもの）

それで，なんと！東大と並んでお茶大が採択されました．ということで，これは本当にうれしかったです．8.5倍の競争率，1年かけて準備した甲斐があったな，という感じでした．

## ▊ 教育 ·····················································································

┌─────────────────────────┐
│                         │
│   4　教育               │
│                         │
│   with student's work   │
│                         │
└─────────────────────────┘

　教育最後に教育についてお話ししたいと思います.

┌─────────────────────────────────┐
│           家庭環境              │
│ ・父親は東京高等師範出身の英語の教師 │
│ ・母親は奈良女高師出身の家庭科の教師 │
│ ・兄は京大大学院出身の地質学の研究者 │
│                                 │
│ ・アルバイトで塾講師や家庭教師をしていた │
└─────────────────────────────────┘

　私の家庭環境は, 父親は英語の教師をしていまして, 母親は結婚するまでは家庭科の教師をしていました. 兄は地質学の研究者です.

　私自身は, アルバイトで塾講師とか家庭教師をしてました. ただ, 私の教え方がまずいのか親切すぎるのか, 私が教えた子は全員第一志望の大学に落ちてしまってとか (笑), 全然だめだったんですけれども, そういうことをやってました.

┌─────────────────────────────────┐
│         受け持った主な授業         │
│ ・東大:工学部学生に数学の演習        │
│ ・鳥取大:工学部学生に数学           │
│ ・千葉大:情報工学科学生に数値計算, 情報基礎等 │
│ ・情報科学科:環境情報論, シミュレーション科学, │
│  物理学概論, 微分積分学, 各種特論など │
│ ・理学部・全学:大気海洋科学概論, 環境科学 │
│ ・非常勤(10年以上務めたもの):東大(数理手法), │
│  千葉大(数値計算), 日大院(CFD)      │
└─────────────────────────────────┘

　受け持った主な授業は, 東大では工学部学生に対して数学の演習, 主に航空学科とあとは原子力工学科だったんですけど, やはり私よりよっぽどできる学生が一杯いるんですね. そういう学生に対して教えるというのは非常に苦痛でした. それでも, 一応やりまして, 私自身もかなり鍛えられたことは確かです.

　鳥取大学では, 工学部の各学科の学生に, いろいろな分野の学生がいましたが, 工業数学などを, 教えたりしました.

　千葉大に移ってから, 情報工学科の学生に対して, 数値計算とか情報の基礎とかを教えてまして, お茶大に移ってからはここに書いてある科目などを持ちました. これは情報科学科に対して, 理学部に対しては大気海洋科学概

論とか全学に対しては環境科学とかなどです.

　非常勤もいろいろやってまして，10年以上務めたものに，東大工学部の3年生に対して数理手法とか，千葉大では数値計算，あと日大理工学部の大学院ではCFDを教えたりしていました.

---

### 講義のスタイル

- はじめの頃と必修科目　教科書を使う
- 講義ノートも作ったことがある
- プリントも配ったことがある

- だんだん無精に → 手ぶらで
（前週に何をやったか？章立て無茶苦茶）
- 黒板に向かって講義

---

　自分の講義スタイルなんですが，最初の頃とかあと必修科目とか一応教科書を使います. それから講義ノートを作ったこともありますし，プリントも配ったことがあります.

　しかし，だんだん無精になってきて，最近は勝手に，手ぶらで行くのがカッコいい，とか思って，手ぶらで教室に行っては思いつくままに講義をする，ということになっています.

　一番困るのは前の週に何やったか忘れてしまうことです. あと何章にしたか全く忘れてしまうため，多分板書を写してた人は章立てがぐちゃぐちゃになってたと思います.

　あと，鳥取にいた頃からそうで，皆さんの前で講義するのが苦手で，面と向かって話せません. いつも黒板に向かってはしゃべって書いて，それで終わりということでした. これはお茶大だからということではなく，昔からそうでした.

---

### 学生指導

- 東大：5名
- 鳥取大：共通講座は講義だけ
- 千葉大：10数名
- お茶大：初年度9名でスペクトルが広かった
　流れの表示のセンスがみんな優れていた

- 指導方針：原則テーマは（漠然としていても
　よいので）自分で選ぶ

---

　学生指導，東大では助手でしたので，高見先生は毎年一名しか採らなかったので，1名ずつ，指導したというか共同研究した人が5名います.

　鳥取大学では，共通講座にいたので，もともと学生は取れないということで，講義だけで済みました.

　千葉大では毎年4名くらい，4年いましたので十数名です.

　お茶大では，こういった環境関係のCFDに何人来てくれるか心配だった

のですが，初年度は9名も，なぜかわからないけれど，希望がありました．情報科学科は40名そこそこだったので,9名というとかなりの数です．最初，研究室には誰もいませんから,それでは9名採ろうということになりました．

　それでびっくりしたのが，すごく様々な学生さんが来てくれて，非常によくできる学生さんとか，非常に派手な学生さんとか，非常にまじめな学生さんとか，非常にスペクトルが広いというか，各種の学生さんがいました．

　ただ皆さんに共通していることは，流れの見せ方が非常に上手なんですね．なので，何か女性はシミュレーションに向いているのではないか，というふうな印象を持ちました．

　自分の指導方針は，企業と共同研究やってるわけではないですから，原則テーマは自分の好きなものを選んでもらうという立場をとりました．そうすると学生さんも興味が湧きまして，いろいろとやってくれます．こういうことで,卒論発表というのがあるんですけれども,卒論発表でも目立つわけで，次の年も学生さんが同じくらい来てくれたりしまして，かなり研究室は盛況でした．

---

### 学生の研究例

1.室内気流　1-1.avi　1-2.avi　1-3.avi　1-4.avi
2.ビル風（都市環境）2-1.avi
3.火災旋風（防災）3-1.AVI
4.雲の発生（気象）4-1.AVI
5.津波の伝播（防災）5-1.avi　5-2.avi
6.木星大気（天体）6-1.avi　6-2.avi
7.銀河（天体）7-1.avi

### 第1期生（9人）

　先ほど言った一期生の9人が，ここにいる9人でして，これは理学部3号館の前で撮った写真です．

### 第24期生(5人)

### お茶大の研究室

- 卒論・修論・博論指導　197名(内物理学科から34名，数学科から3名)＋研究生数名
- 博士の学位取得者　14名:菅牧子，小紫誠子，織田友恵，張汝岩，李美英，宮下和子，佐藤祐子，山下由美，間野晶子，吉田有香，桑名杏奈，片山絵里香，齋藤文，荒木美保

　途中の方には申し訳ありませんが省略して，これは最後の学生で，ここに5人いるのが最後の4年生で，あと修士の学生さんとかOGとかも写ってますが，最後の24期生です．

　ということで結局，卒論・修論・博論の指導をしたのが197名もいます．そのうち，物理学科から来た学生が34名，数学科からは3名ということです．あと研究生も数名いますから200名は超えます．これについては，数が多いと決して自慢しているわけではなく，逆にあまり良いことではなくて，指導が行き届かなかったかな，と思います．私が教えた学生で，博士後期課程に進む学生は少なくて，それでも私のもとで，ここに書いた14名が，博士を取ってくれました*．

---

*　スペースの関係で具体的な学生の研究は省略しますが，本シリーズの「流れのシミュレーションの応用Ⅱ」「流れのシミュレーションヒント集」にいくつか紹介しています．

# ▌まとめ ……………………………………………………………………

まとめと，あと写真を少しお見せしたいと思います．

```
5  まとめ

with photograph
```

**まとめ（エフォート率）**

|  | I | II | III | IV | V |
|---|---|---|---|---|---|
| 研究 | 70 | 50 | 20 | 0 | 35 |
| 教育 | 30 | 40 | 40 | 20 | 45 |
| 社会貢献 | 0 | 10 | 30 | 0 | 10 |
| 大学運営 | 0 | 0 | 10 | 80 | 10 |

結局　平均　　35：35：10：20
　　　お茶大　20：40：10：30

お茶大教員（理想）　40：40：10：10

私，I期・II期・III期・IV期・V期というふうに分けまして，研究・教育・社会貢献・大学運営と，どれくらいのエフォートをかけたかなと考えますと，東大にいた頃はやっぱり研究中心で70％で，演習をやってたから教育は30％くらいです．

第II期は，鳥取大とか千葉大にいたときは，研究は半分くらいで，教育も40％で，ちょっと本を書いたりしたので10％くらいは社会貢献かと．

第III期はお茶大の，ハッピーだった10年間で，教育が割と中心になって40％，本もこの時に割と書いたので30％くらいです．

第IV期は私にとって辛い期間で，理事とか系長とかやってた時期で，研究はゼロ，教育は20％，社会貢献ゼロ，大学運営80％ということです．

理事が終わってハッピーな時期がまた戻ってきましてこんな感じです．全体を平均すると，研究，教育，社会貢献がそれぞれ35％ 35％ 10％，ここのIV期の80％が効いて大学運営は20％くらいで，私が最初に言った理想は40・40・10・10だったので，まあそれに近いかなと思うのですが，ただお茶大でのIV期が全体に大きく響いています．

## まとめ

- バランスを考える（自分の今までの生き方）：大過なく過ごせる，ただし大成はしない
  - ⟺ 一つのことに集中する（自分の理想）：ただし，多分失敗していた・・・
- 切り替えが重要：落ち込まない，すぐに忘れる，仕事はなるべく家に持ち込まない
- 限られた時間を大切に：通勤時間は貴重（始発に乗る，遠回りでも座れる経路を選ぶ）

自分の今までの生き方をまとめてみますと，割とバランスを考えて生きてきたかな，どれにも偏らずいろいろやってきたかなと思います．ただそういうのは，大過なく過ごせるのは確かなのですが，お聞きのとおり決して大成はしなかったわけです．

ですので，本当は一つのことに集中してやるというのが理想なのかなと思います．しかし，多分そうやってたら失敗していて，何もできなかったかなという気もするので，これはこれでまあ仕方なかったかな，と思います．

あと，切り替えが重要だと思います．なので，決して何があっても落ち込まないし，悪いことはすぐに忘れる，ということが大切です．忘れることは，私は結構得意で，それが高じて，今いろいろ学生さんに研究のプログラムを教えたりするんですけれども，ちょっと時間が経つと自分で何やってたかっていうのを全く忘れて，思い出すのに随分時間がかかります．

あと，仕事はなるべく家に持ち込まないということです．切り替えが大切なんですね，家ではリラックスということです．

また，時間は限られているので，限られた時間を大切にしましょう，ということで，私にとっては通勤時間は重要でした．いろいろ本を書いてたのですけれども，そういう本の校正はすべて電車の中ということで，ともかく座れなくては話にならないので，待っても始発に乗って，遠回りでもいいから座れる経路を選んで，というようなことをやってました．そういうことは年を取ってきて目が悪くなると出来ないことなんですけれども．

（写真については省略）

### 自分のモットー

- モットー（1）：流れに逆らわない
- モットー（2）：仕事は家庭にもちこまない
  ～仕事の話は家庭ではしないし，書斎もない～

（1）流体力学の知識から（抵抗∝速度^2）
（2）家では仕事のことは一切忘れて家族と
　　ゆっくり過ごしたかったから

自分のモットーなんですが，決して流れに逆らわない，ということです．それは，最初の方に言いましたが，流体力学の知識から，抵抗というのは速度の二乗に比例しますので，流れが強ければ強いほど，逆らう抵抗が大きくなってしまいます．

モットーの2は，仕事は家庭に持ち込まない，ということです．ですから，家ではほとんど仕事はしませんし，実は，これ自分の趣味なんですが，書斎も持ってません．家内は作れというんですけれども，要らないって言って，それは家では仕事のことは一切忘れて家族とゆっくり過ごしたかったからです．

### 余談・・・ヨットは風上に進む

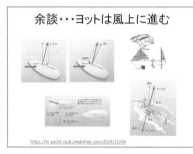

https://hi-yacht-club.jimdofree.com/2014/10/04

流れに逆らわないと，流れに流されてしまうのではないか，と思うかも知れません．しかし，ヨットは風上に進むことができます．

ですので，うまくやると流れに逆らわずに風上に進むことができるということで，うまく生きるのがいいかな，という感じです．

### 特にお世話になった方々

- 東大：高見先生，桑原邦郎先生（今井先生）
- NASA：W.J.Chyu　博士
- 鳥取大：久保昇三先生，林農先生
- 千葉大：三宅洋一先生，河原田秀夫先生
- お茶大：情報科学科の先生方
　（理事時代　研究：菅本先生，国際：石井先生）
　企業：リコー　海老豊氏，ニコン　高橋聡志氏
　出版社：インデックス出版　田中壽美氏

特にお世話になった先生は，東大では高見先生と桑原先生，あと今井先生は直接指導はしてもらえなかったんですけれども，恩師です．

あと，NASA にいたときは Dr. Chyu，それから鳥取大では久保先生と林先生，千葉大では招んでくださった三宅先生と河原田先生．

三宅先生は，私が千葉大に招んでもらってわずか4年で千葉大出てしまったんですけれども，そのときに怒るどころか非常に喜んでくださって，応援

もしてくださいました．その時お嬢さんがちょうどお茶大の食物出身で，私が行った頃には大学院生でした．

あと，お茶大では情報科学科の先生方にいろいろお世話になりました．理事時代には，研究担当としては理学部長だった菅本先生，国際担当としては評議員だった石井先生に大変お世話になりました．あと企業ではリコーの海老さんとか，ニコンでは高橋さんにお世話になりました．あとインデックス出版の田中さんにも非常にお世話になりました．

**最後に・・・**

・ 最後になりましたが，いつも私を家庭内での雑用から遠ざけ，私の健康に気を配り，私を支え，35年間毎日弁当をつくってくれ，3人の子供を無事育ててくれた妻の秀子には一番感謝しています．
・ 次男は文系ですが，父親の歩んだ道をゆっくりとたどってくれています．できるだけ応援したいと思っています．

最後になりましたが，いつも私を家庭内の雑用から遠ざけ，私の健康に気を配り，私を支え，35年間毎日お弁当をつくってくれて，3人の子供を無事育ててくれた妻には一番感謝しております．

次男は文系なんですが，父親の歩んだ道をゆっくりですけれどたどってくれていますので，これからはできるだけ応援したいと思っています．

ちょうど時間が来ましたので，ご清聴ありがとうございました．


（司会：椎尾先生）

河村先生，ありがとうございました．もう，何か，何だろう，こう，大学の先生としてこれをやらなきゃいけないというようなことが，ひしひしと伝わってくるような感じで，本当に，あと，これから大学に残る私たちにとって，身が引き締まる気がいたしました．私なんかもそんなに先長くないですけれども，若い先生方は非常にこう，これはやんなきゃと燃えていただけたんじゃないかという気がいたします．

内容，非常に懐かしかったです．パンチカード，私も2000枚くらい抱えていつも計算機センター通ってたので．そうですよね2000枚でひと箱なんですよね，段ボール箱で．だから2000枚くらい，見ると（あの人500枚くらいかな）と大体わかるような感じなんですけれども．それから，落として悲しくなるんですよね，1000枚くらい落としてる人を見たことがあって，

可哀そうにと思ったこともありました.

　あと，先端融合系も懐かしかったです．Ｓ先生，ほんと怖かったですね.

　ということで，私も非常に共感して聴いていたんですけれども，せっかくですから，質問とかありましたら，ぜひよろしくお願いいたします.


　（質疑については省略）

# 桑原邦郎先生の思い出<sup>*</sup>

## 1 はじめに

　桑原先生と初めて出会ったのは，私が駒場から本郷に進学した年の後期の数学の演習のときで，もう 30 年以上前<sup>**</sup>になります．先生から差分法による偏微分方程式の近似解法を教わったのを覚えています．そのとき，先生は「自分の言ったことはすべてここに書いてある．ただし，まだ校正の段階で出版されていない．」という意味のことを笑われながら話され，校正刷のコピーをとらせていただきました．この校正刷りは，高見穎郎先生との共著の物理学会誌の解説記事（3 回の連載記事）であったことを後で知りましたが，非常に明快でありながらも格調高い名著でした．

　次にお会いしたのは私が大学院生になって高見研に所属したときで，そのときに桑原先生が高見先生の助手であることを知りました．高見先生は東京大学工学部物理工学科力学教室の教授で，力学教室には高見先生以外に教授として物性理論の田辺行人先生，花村栄一先生が在職しておられました．高見研は学生の少ない研究室で，私が修士 1 年で入ったとき，1 年上に堀内潔さんがいただけでした．堀内さんは後年，乱流の数値計算で有名になられましたが，その当時は楕円柱まわりの高レイノルズ数流れを渦糸近似法で計算されていました．桑原先生は私たち学生を指導するとともに，ご自身ではコリオリ力を考慮したリング状熱源による熱対流の計算をされていたと記憶しています．これは関東大震災の被服廠跡地の大惨事のモデル計算で，地球の回転によるコリオリ力が働くとリング内の熱源がないところにも熱風が吹き込む可能性があることを示した研究であり，当時の防災対策の常識を覆すショッキングな内容を含んだものでした．先生は流体力学では実際に実験で

---

　*　「非圧縮性流体数値計算，80 年代の飛躍」日本流体力学会誌「ながれ」28 巻 2 号 pp.128-130（桑原邦郎先生追悼セッション講演原稿）より転載
　**　この記事は 10 年以上前のもので現在では 40 年以上前

現象を見ることがとても大切だと常々おっしゃっていましたが，この研究も
お茶の水女子大学におられた大島裕子先生が実験部分を担当されていまし
た．なお，この熱対流の研究は少し時間が経ってから物理学会論文集に発表
されています[1]．

　余談になりますが，桑原先生の部屋に用事で伺ったとき，名札の下の小さ
な黒板に，白いチョークで「K」「Km」「O」などという謎めいた記号がな
ぐり書きしてあって不在であることがしばしばありました．先生に直接は確
かめなかったのですが，「K」は計算機センター，「Km」は駒場（2年生の
演習のため），そして「O」はお茶大だったようです．

　私が大学院に入った頃リコーの海老豊さん（現（株）リコーの執行役員）
がインクジェットの相談に来られ，それで私の修士論文のテーマが決まりま
した．海老さんの相談はインクを微小ノズルから噴出させたとき,条件によっ
ては印刷に使うインク滴の他にサテライトとよばれる制御の難しい小さな液
滴ができてしまうので，サテライトができない条件を知りたいというもので
した．この問題は数値流体力学的には自由表面を含むなかなか厄介なもので，
プログラミングの不慣れな自分にとってはかなり苦労をしたテーマでした．
私は東大大型計算機センターの計算機を使わせてもらいましたが，無駄な計
算を何度かしてしまい，計算機使用料は年間100万円を越え，大型計算機
センターの上位使用者ベストテンに入ったこともありました．大学の計算機
使用料は民間の1/100程度と聞いたときには1億円も使ってしまったのか
と大変驚きました．こんな無駄遣いをした私でしたが，高見先生と桑原先生
は別に文句を言われるわけではなく暖かく見守ってくださいました．

　これも余談ですが，当時大型計算機でCPU時間が60分の計算をして結
果がすぐに戻ってくるには，計算機センターが業務を始める9時30分から
およそ5分間の間にジョブをカードリーダーで読み込ませる必要があり，そ
れに遅れると次の日にしか結果が返ってきませんでした．そこで朝の5分間
が勝負で，計算機センターが開くと同時にカードリーダーのあるところまで
走ったことをなつかしく思い出します．

　このようにしてなんとか修士論文にまとめたインクジェットの液滴生成に
関する研究は，後日，ながれの第1巻3号に掲載されました[2]（論文を書く
のが苦手な私はぐずぐずしてしまい，記念すべき第1巻1号には間に合い

ませんでした).

## 2 非圧縮性流れの計算

　そのころ，研究室に博士課程の学生としてバングラディシュからの留学生のアラムさんが入学してきました．アラムさんは修士課程のときは理学部物理学教室の橋本英典先生のところに所属していました．アラムさんの博士論文のテーマは桑原先生が考えられたもので，複数物体をすぎる粘性流れの数値的研究で，具体的には 2 つの角柱と 2 つの円柱を過ぎる流れを取り扱いました．2 つの角柱についてはチャネル内に配置された状況での流れであり，流れ関数一渦度法で計算しています．このとき角柱上での流れ関数の値の決め方が問題になりますが，桑原先生が以前に 1 つの物体まわりの場合について考案された方法 [3] が拡張されています．また 2 つの角柱を計算するとき，わざと計算領域を 2 つに分けて，2 つの領域では重なり部分を設けて計算するという領域分割法の雛形になる方法を用いています．この領域分割の考え方は，桑原先生のアイデアであり，2 円柱まわりの流れ（別個に極座標を用い，重なり部分で補間を用いてつなぎ合わせる）に有効に適用されることも確かめられました．この研究はアラムさんの学位論文になった他，論文誌 [4] にも掲載されています．

　桑原先生はアラムさんの研究に対してアイデアを出されたあとすぐに渡米されましたので，私がアラムさんの仕事を手伝うことになりました．このような経緯から私自身にも円柱まわりの流れに対する興味がわきました．そこで，アラムさんが帰国されたあと，円柱まわりの流れが，どの程度のレイノルズ数まで計算できるかという問題に取り組みました．当時，ようやく一般座標（物体適合格子）の考え方が日本でも普及してきました．練習の意味をこめて私も円柱まわりの高レイノルズ数流れに一般座標を用いることにしました．すなわち，円柱まわりの高レイノルズ数流れでは，薄い境界層と後流部分を除いてはポテンシャル流れとみなすことができます．そして，ポテンシャル流れではそれほど格子を細かくする必要はありません．一般座標の考え方を用いれば，境界層と後流部分に効率的に格子を集めることができると考えて，極座標を用いずに一般座標による計算を行いました．一方，高いレイノルズ数の流れでは上流差分を用いないと計算がうまくいきません．そこ

で，2 次精度の上流差分を用いた計算を行いました．桑原先生もおっしゃっていたように新しい計算には実験による確認が重要です．幸い，岐阜大学の永田拓先生が，ご自身がなされた円柱まわりのレイノルズ数 1200 の実験の，双子渦が成長するときの可視化写真をお持ちでしたので，それに合わせた計算を行いました．計算は格子数が 80x80 という今からするとおもちゃのようなものでしたが，流線など驚くほどよく一致しました．さらにレイノルズ数を 10000 まであげ，一般座標の利点を生かして円柱前方に突起をつけた計算も行い，剥離位置が前方に移動して抵抗が増すことも確かめました [5]．

　しかし，レイノルズ数をさらに上げると計算がうまくいかなくなりました．そこでその理由を考えてみました．2 次精度上流差分は

$$f\left.\frac{\partial u}{\partial x}\right|_{x-x_i} = f_i \frac{-u_{i+2} + 4\left(u_{i+1} - u_{i-1}\right) + u_{i-2}}{4\Delta x}$$

$$+ \frac{|f_i|}{4} \frac{u_{i+2} - 4u_{i+1} + 6u_i - 4u_{i-1} + u_{i-2}}{\Delta x}$$

という 1 つの式で表せます．はじめの項はテイラー展開すれば

$$f\frac{\partial u}{\partial x} - \frac{1}{3}\left(\Delta x\right)^2 \frac{\partial^3 u}{\partial x^3} + O\left(\left(\Delta x\right)^4\right)$$

の近似，あとの項は

$$\frac{\partial^4 u}{\partial x^4}$$

の近似に $(\Delta x)^3$ のオーダーの係数がかかっているとみなせます．このあとの項が高レイノルズ数の計算を安定化させる項であると予測できましたが，最初の項には 2 次のオーダーの 3 階微分項があり，これが全体の精度を決めるとともに，分散誤差を引き起こします．このように考えた上ではじめの項を

$$f_i \frac{-u_{i+2} + 8\left(u_{i+1} - u_{i-1}\right) + u_{i-2}}{12\Delta x}$$

でおきかえると 4 次精度の中心差分になり，今度はあとの項が近似式の精度（3 次）を決め，しかも物理粘性と異なった拡散の働きが見込めます．私はこのスキームを修正 2 次精度上流差分と名付けました．そして，せっかく一般座標を用いているので，境界層のなかに凹凸をつけた円柱のまわりの流

れを計算しました.はじめにレイノルズ数が 40000 の計算（格子数 80x80）を行ったのですが，流れががらっと変化したのには本当に驚きました.すなわち，一度剥離した流れが再付着し剥離泡のようなものが確認でき，後流の幅が明らかに狭まっています.流線図からも想像できたように抵抗係数を計算すると激減しています.さっそく，この結果を駒場の宇宙科学研究所に移っておられた桑原先生のところにもっていくと，桑原先生も「これはすごい結果だ」と本当にびっくりされました.さらに，レイノルズ数を変化させたりして補足の計算を行い，博士論文にまとめました.1983 年の夏から秋の話です.桑原先生の勧めもあり，この結果を 1984 年の AIAA の 1 月の Reno における会議で発表し[6]，さらに少し遅れますが FDR にも発表しました[7].

　当時，Moin & Kim[8] および堀内さん[9] が LES による平板間の乱流の優れた研究を行っていました.それでは修正 2 次精度上流差分で同じ計算を行ってみたらどうなるだろうかという気が少し起こりました.実際に計算（格子数 30x30x20）を実行したところ驚いたことに LES と似たような結果が得られました[10].このことに関しては賛否両論がありましたが，私自身は層流から乱流への遷移のような現象も自然にシミュレーションできるため，気に入っていました.

　その後，1984 年 10 月から桑原先生のお力添えもあり，1 年半 NASA の Ames 研究センターで圧縮性流れの研究の機会を得ることができました.帰国後に驚いたことは，私が修正 2 次精度上流差分と呼んでいたスキームが桑原先生およびそのグループによっていろいろな問題に適用されて大いに世の中に広められ，河村スキームあるいは K-K（河村 - 桑原）スキームと名づけられていたことです.

## 3　おわりに

　私が高見研に入ってからは年度を追って大学院生が増え，高見研もにぎやかになりました.私の後輩にあたる高見研の大学院生の名前を列挙すると，修士課程からは信太良文君，岩津玲磨君，高橋大輔君，花崎秀史君，太田泰広君，博士課程からは竹田宏君がいます.そのうち何人もが桑原先生の強い影響を受けています.私は，NASA から帰国後は鳥取大学助教授，千葉大学助教授・教授を経て，1996 年 4 月から現職場（お茶大）にいます.私にとっ

てお茶大の最初の卒論生であった小紫誠子さん，菅牧子さんに対して，私が卒論のテーマとして与えたのは，桑原先生がかつて行ったリング状熱源による熱対流の計算でした．2 人は私の期待以上の立派な結果を出してくれました．小紫さんは修士課程ではブジネスク近似による熱対流の 3 次元計算を行い，さらに日大理工学部に就職してからも桑原先生との共同研究をいくつも行っています．菅さんは，修士課程での低マッハ数近似による熱対流の計算を経て，博士課程では流体による砂の移動シミュレーションを行いました．これらの研究については画像を含めて桑原先生との共著の本に載せてあります [11]．小紫さん，菅さんがきっかけとなって，私の研究室の学生の何人もが，桑原先生が設立された計算流体力学研究所に，アルバイトを兼ねて出入りし，強い影響を受けています．

　編集者から，桑原先生の名言をひとつ選んでこの追悼記事に載せよという依頼がありました．私にもいくつか心に浮かぶ言葉がありますが，手前みそになることは承知の上であえて次の言葉をあげたいと思います．

　「お茶大生は優秀だ」

それは，この言葉が私の学生にとってどれだけ励みになったか分からないからです．

# 高見穎郎先生の思い出<sup>*</sup>

　高見穎郎先生は 2019 年 6 月 18 日にご逝去されました．享年 91 歳でした．高見先生はここ数年，世間とのお付き合いをほとんどなされておられなかったので，私が訃報を知ったのは，23 日の朝でした．まだまだお元気だと思っていただけに大変驚きました．

　その少し後，ながれ編集委員長の後藤晋先生から [ 追悼の記 ] 執筆の打診があり，少し困惑しました．といいますのは，高見先生とは大学院修士課程のとき研究室に入れていただき，その後，助手として数年間働かせていただいたのですが，大変迂闊な話ですが，肝心の高見先生のご経歴やご業績については，先生に直接伺ったこともなく，ほとんど知らなかったからです．その意味では桑原邦郎先生が最適な

のですが,すでに故人であるため,頼むわけにもいきません.また,たとえご存命であっても桑原先生は,「河村君頼むよ」とおっしゃったに違いないので，執筆をお引き受けすることにいたしました．したがって，記述に正確でない部分があり，精密で信頼できる数値計算を目指された高見先生には大変失礼なことになりますが，やさしかった先生なので大目に見ていただけると思います．

今井功先生（右）とともに
（1990 年 7 月 30 日）

　前置きが長くなりましたが，高

* 「追悼高見穎郎先生」日本流体力学会誌「ながれ」38 巻 4 号pp.310-311（2019）より転載

見先生のご経歴を簡単に記しますと 1928 年 5 月に東京都中野でお生まれになり，旧制東京高等学校から東大理学部物理学科に進まれ 1952 年にご卒業，同大学院を経て 1957 年東大理学部助手，1967 年東大工学部助教授，1975 年に同教授になられています．東大を定年退官されたあとは 9 年間神奈川大学理学部で教授（その後さらに 5 年間特任教授）を勤められました．なお，流体力学会への貢献も多大で，たとえば今井功先生が物理学会誌（50 周年記念記事）に寄稿された文に「1958 年 1 月に「流体力学懇談会」が発足し，筆者の研究室を事務局として機関紙「流力ニュース」が年 4 回発行されることになった．その中心になって活躍したのが高見穎郎君である．」とあります．また 1986 年には会長も務めておられます．

　高見先生は，今井先生を一生の師として仰がれ，生涯敬愛の念をもって接してこられました．そして，そのことは高見先生と交わした会話でもしばしば今井先生が登場したことから，私にもわかりました．私にとって今井先生は雲の上の存在でしたが，高見先生を通して，身近に感じられるようになりました．今井先生が 2004 年 10 月に亡くなられてから，高見先生を中心に，追悼文集が企画され，1 年半後に非売品の小冊子（といっても 161 ページ）として形になり，高見先生から私のところに送られてきました．その中で高見先生の書かれた文を読み返しているうちに高見先生の若いころのことが薄々とですがわかってきました．そこから引用させていただきますと「高等学校時代，私は理数系科目の教師になりたいと思い，基礎を学ぶために，1949 年 4 月に東大理学部物理学科に入学した．今井先生の力学の講義を拝聴し，感動の余り，先生のあとを追いかけていって，（後略）」「大学院では，高速気流に関する研究テーマをいただいた．また，その後，助手にしていただいたあとで，先生は私が物理教育に携わる場合に配慮されてのことであろう，高校物理の教科書編集の手伝いをさせてくださった．」「高橋秀俊先生の研究室で，後藤英一さんが電子計算機 PC1 の発明をされたとき，今井先生もこれを大いに期待しておいでであった．流体運動の方程式を電子計算機で解くことを考えてみるようにと，勧めて下さった．先生は，信頼できる数値解を得ておくことの重要性を早くから感じておいでだった．」「今井先生は，その後，私を米国に留学させてくださり，高精度の解を組織的に求めていく方法を検討する仕事に当たらせて下さった．」

高見先生は，川口光年先生が手回し計算機を1年半回し続けて得られた円柱まわりの粘性流の数値解について，その高精度化を，NewYork大学Courant研究所（1964～1966年滞在）において，IBM7094とCDC6600を用いて実行されました．このとき，遠方での境界条件を，今井先生によって研究されたNavier-Stokes方程式の解の無限遠での漸近的な性質に合わせるように設定されました．ただし，この境界条件には解が得られたとき初めて決まるパラメータ（抵抗係数）が含まれるため，数値的な取り扱いは単純ではありません．高見先生は同研究所においてH.B.Keller教授とP.D.Lax教授に計算機使用の便宜のみならず，数値計算に対する教示も受け，また当時Cornell大学に来ておられた今井先生にも貴重な助言をいただいたと振り返っておられます．

　高見先生は，その後，桑原先生と，渦糸近似法の研究をされたり，ダクト内に物体が置かれた場合の流れを，流れ関数−渦度法を用いて計算されたりしています．後者は，内部物体の表面上の流れ関数の値（一定ですが，その一定値の決め方）が問題になります．さらに3次元流れの計算において，Navier-Stokes方程式をHelmholtz分解して解く方法も提案されています．

　話は変わりますが，私が大学院進学のとき高見先生の研究室を選んだ理由は流体力学に対する興味よりは，大学3年生のとき受けた高見先生の数学の講義のわかりやすさが第一でした．その意味では，追いかけはしませんでしたが，高見先生が今井研を選ばれたのと似ています．また私が京都の高校時代に丸善でカンパニエーツ理論物理学という本を目にして（もちろん読んでいません），訳者が山内恭彦先生と高見先生であり，頴郎という名前をどう読むのだろうと気になっていました．そして，そのときから高見先生に親近感があったこともあります．高見研に入って早速聞いたところ「ひでお」と教えていただくとともに「頴」を「頴」とよく間違えられるともおっしゃっていました．

　私が東大工学部物理工学科の学生だったころ，工学部教官紹介という冊子が学生に配られました．そこには工学部の各先生の略歴の他，1.専門分野，2.モットー，3.学生に対する言葉，4.趣味が簡単に記されています．長い間本棚に眠っていたのですが，何十年かぶりに取り出して高見先生の欄を見たところ，「1.非線形偏微分方程式の近似解法，流体力学の数理的な問題，2.歩

けよ歩け，3.誠実であること．自分自身に対する要望でもある．4.音楽，言語，古代史など．」とありました．

2.については，もちろん目標に向かって精進するという意味でしょうが，高見先生は健脚（阿佐ヶ谷のご自宅から本郷まで歩かれたこともあるそうです）で，意外と文字通りだったのかも知れません．3.については，先生はとても誠実で紳士的であったのでご自分に対しては全くそのとおりでした．4.については，先生はバイオリンの名手でした．ロケット研究の糸川英夫先生がチェロを弾かれ，お2人で「オーケストラがやって来た」に出演されたことがあるそうです．そして，セミプロ楽団のウラィタナル弦楽団（弦楽器の裏板が鳴るというのが由来で雅楽のプロ奏者の方もメンバーでした）にも所属され，ビオラを弾いておられました．また，奥様も東京芸大を卒業されたピアニストです．

高見先生は言語に堪能で，前述のカンパニエーツは原著がロシア語ですし，ドイツ語やフランス語もマスターされていました．また，エスペラント語で書かれた論文もあります．高見先生と夏によく志賀高原に出かけたことがありますが，ある日高見先生のお部屋にお邪魔したところ中国語の勉強をされていました．

1990年7月末に当時私の勤務先の鳥取大学で第8回西日本乱流シンポジウムが開催され，研究会にかこつけて高見先生と今井先生ご夫妻をご招待し，それが高見先生との忘れがたい思い出のひとつになっています．古代史が好きだと聞いていた両先生を，神話のふるさとの出雲空港まで車でお迎えし，出雲大社に詣で，皆生温泉に泊まり，風光明媚な大山や鳥取砂丘，山陰海岸などを案内しました．天気も大変よく両先生はとても楽しんでおられる様子でした．写真はそのとき大山寺において高見先生のカメラで私が撮ったもので，高見先生（左）と今井先生が写っています．この写真は高見先生のご長男の朗様からご提供いただきました．なお，余談ですが高見先生は所用のため一足早く帰京され，今井先生は親戚がおられる兵庫県龍野で親族の集まりがあるとのことで1泊多く泊まられました．そして今井先生ご夫妻を龍野まで車でお送りしました．「河村君ちょっと寄っていきなさい」ということで，今井先生一族が集まられた会に少しだけお邪魔しました．今井先生の多くの錚々たる直弟子，孫弟子の中で，多数のご親族とお会いしたのは，不

肖の孫弟子である私だけではないかと，この点だけは密かに誇りに思っています．

　はじめに事務局から2ページというお約束でそんなに書けるかと思ったのですが，次々と思い出がでてきて自分ながら閉口しつつ，このあたりで締めくくることにします．高見先生はさきほどの今井先生の追悼文集のなかで，「2003年5月に，先生は「新感覚物理学入門」を岩波書店からお出しになった．（中略）先生はこの本の中で，畏れ多くも，私を心友と呼んで下さった．（中略）常々心の底から敬愛してやまなかった師今井先生から，最後にこのように呼んでいただいただけでも，この世に生を受けた甲斐が十分にあったと感じている．」と書いていらっしゃいます．もしあの世があるとすれば，高見先生は今井先生と物理学談義に花を咲かせておられるのではないかと思います．高見先生のご冥福を心からお祈りいたします．

# CFD あれこれ

　Appendix A と B で 2 人の先生を（追悼文という形ですが）紹介しました．Appendix B の高見先生は CFD（数値流体力学）の創生期に，Appendix A の桑原先生は CFD の興隆期に活躍された先生で，両先生とも CFD に多大な貢献をされました．

　CFD の出現は戦国時代にたとえると，それまでは流体力学という手ごわい相手に対して刀や槍をもって戦っていたのを，いきなり鉄砲や大砲が現れてさっそく用いたといった感じであり，それまでの戦い方を一変させてしまいました．もちろん刀や槍（理論や実験）が役にたたなくなったわけではなく，それぞれ持ち味を活かせる場面はありますが，やはり大勢は鉄砲や大砲（CFD）が決めてしまいます．現在はそういった新しい武器がますます高度で威力あるものに変わってきた感があります．ただし，高度になればなるほど使い方は難しく，用途も特殊になります．

　さて，桑原先生は晩年に，差分法を用いる場合には，結局，（1）直交等間隔格子（正方形や立方体），（2）**多方向上流差分法**，（3）**多重格子**に勝るものはないとよくおっしゃっていました．まずこれらについて簡単に説明します．

　実際に差分法を用いて流体解析を行う場合には，解くべき領域を格子分割しますが，格子の善し悪しが計算結果に大きな影響を及ぼします．領域形状が複雑になるほど格子分割が難しくなるため，CFD の作業の大部分が格子生成に費やされます．（1）については，格子生成で悩むのであれば直交等間隔格子を用い，あとは「流体シミュレーションの基礎」で述べたようにマスクをかけて境界を近似的に表現すればよいという考え方です *.

---

* この方法によって階段状に近似された境界を，あたかも階段の角の点間を斜めの線で結んで凸凹をなくしたかのように近似する方法もいろいろ考えられており，一括して**埋め込み境界法**とよばれています．

桑原先生は part Ⅲ で述べた K-K スキームを多用されました．この方法には暗黙のうちに4階微分の数値粘性が入りますが，それが流れのレイノルズ数を変えることなく計算を安定化させます．もちろん，数値粘性を嫌う研究者はいますが，差分法を用いる限り離散化誤差は避けられないため，誤差が偶数階の微分（粘性の働き）の形で計算に入るか，奇数階の微分（分散の働き）の形で入るかの差であり，奇数階の誤差がよいという保証はありません．さらに言えば，所詮 CFD は誤差の塊のようなものなので，いかに誤差と上手に付き合うかが最大の問題といえます．なお，ナビエ・ストークス方程式の時間積分に単純なオイラー陽解法を用いると暗黙のうちに負の粘性を方程式にもちこむため，計算の不安定化をもたらします．実際には時間間隔を空間間隔に比べてかなり小さくとる必要があるため，大部分の場合にはこのことは問題になりません．なお，オイラー法と同様に陽解法である2次精度の**アダムス・バッシュフォース法**を用いると負の粘性をもちこむことは避けられます．

　3次精度に限らず，上流差分法には，流れにおいて情報が上流側から下流側に伝わるという物理的な意味を取り込んだ差分法という意味合いもあります．多方向上流差分法は，たとえば2次元で考えた場合，上流側は隣接した1つの格子点だけではないため，斜めにある格子点の影響も考慮に入れた差分法になります．なお，具体的には横にある格子点よりは距離が長くなるため，距離が大きいほど寄与分を小さくとります．

　多重格子法は，「流体シミュレーションの応用Ⅰ」でも述べましたが，非圧縮性ナビエ・ストークス方程式の数値解法に現れる圧力に対するポアソン方程式に関連します．非圧縮性流れの解析で一番計算時間を費やす部分はこのポアソン方程式を数値的に解く部分です．楕円型の方程式であるため，境界の影響が一瞬にして領域全体に伝わります．一方，ポアソン方程式の数値解法をガウス・ザイデル法など点反復法で解く場合に一回の反復で隣の格子の影響しか取り込むことができません．したがって，少なくとも1方向の格子数程度の回数の反復を行わないと境界の影響を取り込むことはできません．多重格子法は粗い格子から細かい格子へ反復をたどることにより境界の影響をいち早く全領域に伝えることにより反復回数を減らすことを目的としています．

　なお，非圧縮性流れに対してポアソン方程式を避けるための方法として**疑似圧縮性法**（「流体シミュレーションの応用Ⅱ」）やその変形がありますが，形の上でポアソン方程式を解いていないようにみえるだけで，非定常問題に適用する場合には，通常の方法に比べて時間刻みをかなり小さくとる必要があります．いいかえれば通常の方法で 1 つの時間ステップすすむ間に，多数回の時間ステップを踏む必要があるため，ポアソン方程式を反復法で解くのとそれほど計算時間は変わりません．この時間ステップ数を少なくすると，境界の影響を取り込まずに圧力が決まることになり*，ポアソン方程式の収束判定条件を緩くした場合と同様に，流体が疑似的な圧縮性をもつことになります．

　以下に（1）〜（3）について著者の意見を述べます．おそらく桑原先生の考えもそうであったと思われるように，著者も流体の数値計算法は単純なものほどよく，また物理的な状況になるべく適合したものがよいと考えています．ただし，この 2 つは相反する場合もあります．

　数値計算法を単純にするには，（1）にしたがって直交等間隔格子を用いるのがよいと考えられます．一方，境界近くには境界層ができますが，計算の信頼性を上げるためには流れの物理的な性質から境界層を十分に解像できる格子が必要になります．直交等間隔格子を用いる場合には物体の境界付近の格子を流れの向きとは無関係に非常に細かくとる必要がありますが，その場合，格子数の問題とともに計算の安定性から時間刻み幅に厳しい制限が課されます．それに反して，境界に沿った格子を使うと境界層に重要な境界に垂直方向にのみ細かい格子を用いることができます．全領域を 1 種類の格子で覆うことは通常は不可能であるため，物体まわりを境界適合格子（一般座標）を用い，それを直交等間隔格子で表現した領域に重ねるという「流体シミュレーションのヒント集」の 3 章で述べた方法（オーバーセット法の一種）を用いるのが効率がよいと考えます．ただし，プログラムは煩雑になります．

　（2）については上流差分法が推奨されますが，特に K-K スキームなど

---

　*　ポアソン方程式（楕円型偏微分方程式）の数学的な性質から，境界の影響は一瞬にして全領域におよびます．陽的な差分法を用いて時間発展させる限り，1 ステップで影響が取り込めるのは差分近似式で使う隣接した格子点の値のみです．

3次精度上流差分法が近似に必要な格子点が少ないため適していると考えられます．直交等間隔格子では斜め方向の格子点の影響も考慮できる多方向差分がすぐれています．しかし，時間積分に陽解法を用いる場合には，通常，時間刻み幅をかなり小さくとります．したがって，ある時間ステップで斜めにある格子点の影響を含めることができなくても，次の時間ステップでは斜めの格子点の影響を受けた上下左右の格子点をとおして影響が入ることになります．このようなことから特に陽解法で一般座標を用いた場合には多方向上流差分を用いるメリットは少ないと考えています．

　（3）について，多重格子を用いる場合，各方向の格子数が2のべき乗のときが効率的ですが，解析対象によっては必ずしもそのようにとることができないこともあります．反復法で境界の影響を取り入れるためには，通常のSOR法ではなく，ラインSORを用いるのが手軽な方法です．3次元問題の場合には，$x$方向，$y$方向，$z$方向の順にラインSOR法を用い，以後繰り返します．もちろん反復ごとに3項方程式を解くことになるため，通常のSOR法に比べて計算時間はかかります．しかし，境界の影響が一挙に全格子点におよびます．

　圧力のポアソン方程式の境界条件は，領域の全境界で速度の条件が与えられた場合には，微分の形になります．すなわち，全境界でノイマン条件が課されることになり，反復法でポアソン方程式を解く場合の収束が遅くなります．そこで，たとえば4つの辺で囲まれた領域を例にとると，向かい合った1組の辺で圧力の値を与え（ディリクレ条件），他の1組の辺でノイマン条件を課すようにすれば収束はかなり速くなると考えられます．この目的のためポアソン方程式の線形性を利用します．すなわち$P = P_1 + P_2$として，もとのポアソン方程式を$\triangle P_1 = Q$と$\triangle P_2 = 0$に分解し，$P_1$に対して向かいあった1組の辺上で$P_1 = 0$（ディリクレ型），残りの1組はもとのポアソン方程式の境界条件（ノイマン型）を課します．そして$P_2$に対しては境界条件の課し方を$P_1$と逆にする（ディリクレ型とノイマン型を入れ替える）と収束が速まります．実際の圧力は$P_1$と$P_2$を足したものです．

　なお，ポアソン方程式 $\triangle p = Q$ をヤコビの反復法で解く手続きは，よく知られているように，拡散方程式

$$\frac{\partial p}{\partial t} = \triangle p - Q$$

をオイラーの陽解法で解いて，定常解を求めることと同等です．したがって，十分に収束しないで反復を打ち切るということは，定常になる前の解を定常解として用いることに対応します．拡散方程式の性質から解の時間変化は時間が経つほど緩慢になります．いいかえれば，ある程度時間が経過すれば，定常解とあまり違わない結果が得られています．したがって，非圧縮性のナビエ・ストークス方程式をフラクショナルステップ法などで解く場合には，ポアソン方程式がある程度収束していればそれで十分だと言えます．ただし，あまりにも反復が少ないと圧力が一瞬にして全領域に伝わるという物理的な性質が反映されず，境界の影響も取り込めないため，流れに非物理的な圧縮性を導入したことになります．

# 流れのシミュレーションの基礎の補遺（ルンゲ・クッタ法）

1 階常微分方程式

$$\frac{dy}{dx} = f(x, y) \tag{D.1}$$

を数値的に解くために，この式を区間 $[x_n, x_{n+1}]$ で積分すれば

$$\int_{x_k}^{x_{n+1}} \frac{dy}{dx} dx = \int_{x_n}^{x_{n+1}} f(x, y) dx \tag{D.2}$$

となります．左辺は積分できて

$$\int_{x_n}^{x_{n+1}} \frac{dy}{dx} dx = [y]_{x_n}^{x_{n+1}} = y(x_{n+1}) - y(x_n) = y_{n+1} - y_n \tag{D.3}$$

となりますが，右辺には未知の $y$ が含まれているため形式的に数値積分します．

最も簡単には $f(x, y)$ を定数 $f(x_n, y_n)$ で置き換えれば

$$\int_{x_n}^{x_{n+1}} f(x, y) dx = f(x_n, y_n) \int_{x_n}^{x_{n+1}} dx = h f(x_n, y_n) \tag{D.4}$$

ただし

$$h = x_{n+1} - x_n$$

となるため，式(D.3) と式(D.4) から微分方程式(D.1) の近似として

$$y_{n+1} = y_n + h f(x_n, y_n) \tag{D.5}$$

が得られます（**オイラー法**）．

次に数値積分の精度を上げるため**台形公式**

$$\int_{x_n}^{x_{n+1}} f(x, y) dx = \frac{h}{2}(f(x_n, y_n) + f(x_{n+1}, y_{n+1})) \tag{D.6}$$

を利用する場合には式(D.3) と式(D.6) から

$$y_{n+1} - y_n = \frac{h}{2}(f(x_n, y_n) + f(x_{n+1}, y_{n+1})) \tag{D.7}$$

という公式が得られます．式(D.7) は右辺にも未知数 $y_{n+1}$ があるため，右辺の $y_{n+1}$ は別の方法を用いて予測した上で，式(D.7) は $y_{n+1}$ を修正するた

めに用います．特にオイラー法を予測に用い，予測値を $y_{n+1}^*$ と記すことにすれば

$$y_{n+1}^* = y_n + hf(x_n, y_n)$$

$$y_{n+1} = y_n + \frac{h}{2}(f(x_n, y_n) + f(x_{n+1}, y_{n+1}^*)) \tag{D.8}$$

となります．これを**ホイン法**または2次精度ルンゲ・クッタ法とよびます．

　さらに数値積分の精度を上げるために，区間 $[x_n, x_{n+1}]$ の中点 $x_{n+1/2}$ を利用することにすれば，**シンプソンの公式**から $h = x_{n+1} - x_n$ として

$$\int_{x_n}^{x_{n+1}} f(x, y)dx = \frac{h}{6}(f(x_n, y_n) + 4f(x_{n+1/2}, y_{n+1/2}) + f(x_{n+1}, y_{n+1})) \tag{D.9}$$

となります（通常のシンプソンの公式の区間幅がこの場合は $h/2$ であることに注意します）．この場合も右辺に未知数 $y_{n+1/2}$ と $y_{n+1}$ を含むため，これらを別の方法で求めて $y_{n+1/2}^*$ と $y_{n+1}^*$ と記すことにすれば，

$$y_{n+1} = y_n + \frac{h}{6}(f(x_n, y_n) + 4f(x_n + h/2, y_{n+1/2}^*) + f(x_n + h, y_{n+1}^*)) \tag{D.10}$$

となります．$y_{n+1/2}^*$ をオイラー法で求めれば

$$y_{n+1/2}^* = y_n + \frac{h}{2}f(x_n, y_n) \tag{D.11}$$

となり，さらにこれを用いて $y_{n+1}^*$ を求めれば

$$y_{n+1}^* = y_n + hf(x_{n+1/2}, y_{n+1/2}^*) \tag{D.12}$$

となります（接線の傾きを表す $f$ を，$x_{n+1/2}$ で評価します）．これらを式(D.10) に代入したものが，式(D.8) より精度のよい公式になります．これは以下のようにまとめられます．

$$\begin{aligned}
s_1 &= f(x_n, y_n) \\
s_2 &= f(x_n + h/2, y_n + hs_1/2) \\
s_3 &= f(x_n + h, y_n + hs_2) \\
y_{n+1} &= y_n + \frac{h}{6}(s_1 + 4s_2 + s_3)
\end{aligned} \tag{D.13}$$

通常よく使われる**ルンゲ・クッタ法**（4次精度）は式(D.10) において係数4がかかった項を2つに分けて

$$y_{n+1} = y_n + \frac{h}{6}(f(x_n, y_n) + 2f(x_n + h/2, y_{n+1/2}^*)$$
$$+ 2f(x_n + h/2, y_{n+1/2}^{**}) + f(x_n + h, y_{n+1}^*)) \tag{D.14}$$

として，$y_{n+1/2}^{**}$ を

$$y_{n+1/2}^{**} = y_n + \frac{h}{2}f(x_{n+1/2}, y_{n+1/2}^*) \tag{D.15}$$

から，また $y_{n+1}^*$ を最新の近似値である上式を使って

$$y_{n+1}^* = y_n + hf(x_n + h/2, y_{n+1/2}^{**}) \tag{D.16}$$

から求めます．まとめれば

$$s_1 = f(x_n, y_n)$$
$$s_2 = f(x_n + h/2, y_n + hs_1/2)$$
$$s_3 = f(x_n + h/2, y_n + hs_2/2) \tag{D.17}$$
$$s_4 = f(x_n + h, y_n + hs_3)$$
$$y_{n+1} = y_n + \frac{h}{6}(s_1 + 2s_2 + 2s_3 + s_4)$$

となります．

　シンプソンの公式は区間を2等分して3点を使いましたが，さらに区間を3等分して4点を使う公式（**3次のニュートン・コーツの公式**）もあります．この公式を用いると，

$$\int_{x_n}^{x_{n+1}} f(x, y)dx = \frac{h}{8}(f(x_n, y_n) + 3f(x_{n+1/3}, y_{n+1/3})$$
$$+ 3f(x_{n+2/3}, y_{n+2/3}) + f(x_{n+1}, y_{n+1})) \tag{D.18}$$

と近似されます．右辺に未知数があるため，それを別の方法で求めて，それらを＊をつけて表すと，式（D.10）に対応して，

$$y_{n+1} = y_n + \frac{h}{8}(f(x_n, y_n) + 3f(x_{n+1/3}, y_{n+1/3}^*)$$
$$+ 3f(x_{n+2/3}, y_{n+2/3}^*) + f(x_{n+1}, y_{n+1}^*)) \tag{D.19}$$

となります．前と同様に考えて＊がついた量を以下の式で求めます．

$$y_{n+1/3}^* = y_n + \frac{h}{3}f(x_n, y_n) \tag{D.20}$$

$$y_{n+2/3}^* = y_n + \frac{2h}{3}f(x_n + h/3, y_{n+1/3}^*) \tag{D.21}$$

$$y_{n+1}^{*} = y_n + hf(x_n + 2h/3, y_{n+2/3}^{*}) \tag{D.22}$$

これらを式（D.19）に代入したものが微分方程式の近似式になりますが，以下のようにまとめることができます：

$$\begin{aligned}
s_1 &= f(x_n, y_n) \\
s_2 &= f(x_n + h/3, y_n + hs_1/3) \\
s_3 &= f(x_n + 2h/3, y_n + 2hs_2/3) \\
s_4 &= f(x_n + h, y_n + hs_3) \\
y_{n+1} &= y_n + \frac{h}{8}(s_1 + 3s_2 + 3s_3 + s_4)
\end{aligned} \tag{D.23}$$

微分方程式を解くとき，計算時間がかかるのは関数値の計算です．1つの時間ステップをすすめるとき，関数値の計算は，オイラー法で1回，ホイン法で2回，式（D.13）では3回，4次のルンゲ・クッタ法や式（D.23）では4回になります．一方，4次のルンゲ・クッタ法と同じ精度を得るためにはたとえばオイラー法だと極端に区間幅 $h$ を小さくとる必要があるため，効率を考えると4次のルンゲ・クッタ法が優れています．ニュートン・コーツの積分公式の次数をあげると精度がさらによい公式を作ることも可能ですが，関数値の計算回数が増えます．実用的には4次のルンゲ・クッタ法を用いれば十分な精度で解が求まるため，常微分方程式の初期値問題を解く標準的な方法になっています．

# 引用文献

1 ) Kuwahara, K. and Oshima, Y.: Thermal convection caused by ring-type heat source, J. Phys. Soc. Jpn., 51.11, (1982), 3711-3719.

2 ) 河村哲也，海老豊，高見穎郎：流体ジェットの滴生成に関する数値的研究，日本流体力学会誌「ながれ」第 1 巻第 3 号 , (1982), 285-298.

3 ) Matida, Y., Kuwahara, K. and Takami, H.: Numerical study of a steady two-dimensional flow past a square cylinder in a channel, J. Phys. Soc. Jpn., 38, (1975), 1522.

4 ) Alam Md.S., Kawamura, T., Kuwahara, K. and Takami, H.: Numerical computation of interaction between bluff bodies in a viscous flow, Theoretical and Applied Mech. 31, (1982), 391-406.

5 ) Kawamura, T. and Takami, H.: Numerical study of viscous incompressible flow past a circular cylinder at high Reynolds numbers, Theoretical and Applied Mech. 32, (1984), 19-33.

6 ) Kawamura, T. and Kuwahara, K.: Computation of high Reynolds number flow around a circular cylinder with surface roughness, AIAA Paper 84-0340, (1984).

7 ) Kawamura, T., Takami, H. and Kuwahara,K.: Computation of high Reynolds number flow around a circular cylinder with surface roughness, Fluid Dynamics Research 1, (1986), 145-162.

8 ) Moin P. and Kim J.: Numerical investigation of turbulent channel flow, J. Fluid Mech., 118, (1982), 341-377.

9 ) Horiuti, K.: Study of incompressible turbulent channel flow by Large-Eddy Simulation, Theoretical and Applied Mech. 31, (1982), 407-427.

10) Kawamura, T., Takami, H. and Kuwahara, K.: New higher-order upwind scheme for incompressible Navier-Stokes equations, Lecture Note in Physics 218 (Springer-Verlag, 1985), 291-295.

11) 河村哲也, 桑原邦郎, 菅牧子, 小紫誠子：環境流体シミュレーション（朝倉書店 ,2001）.

# Index

インデックス出版

# https://www.index-press.co.jp/

インデックス出版　コンパクトシリーズ

## ★ 数学 ★

本シリーズは高校の時には数学が得意だったけれども大学で不得意になってしまった方々を主な読者と想定し，数学を再度得意になっていただくことを意図しています．

それとともに，大学に入って分厚い教科書が並んでいるのを見て尻込みしてしまった方を対象に，今後道に迷わないように早い段階で道案内をしておきたいという意図もあります．

◎微分・積分　◎常微分方程式　◎ベクトル解析　◎複素関数

◎フーリエ解析・ラプラス変換　◎線形代数　◎数値計算

# 「FEM すいすい」 シリーズは、

"高度な解析"と"作業のしやすさ"を両立させた、

## FEM（有限要素法）による解析ソフト

です。本ソフトウェアだけで「モデルの作成」「解析」「結果の表示」ができます。
最新のパソコン環境にも合わせて効率よく作業ができるように工夫されています。

| すいすい入力 | すいすい解析 | すいすい利用 |
|---|---|---|
| 条件作成に時間かかっていませんか？ | 解析が収束しないことはありませんか？ | 古いソフトをだましだまし使っていませんか？ |
| FEMすいすいにおまかせ | FEMすいすいにおまかせ | FEMすいすいにおまかせ |

## 製品の特長

### ■モデル作成がすいすいできる

分割数指定による自動分割（要素細分化）機能を搭載し、自動分割後の細部のマニュアル修正も可能。
また、モデル作成（プリ）から解析（ソルバー）および結果の確認（ポスト）までを1つのソフトウエアに搭載し、解析作業を効率的に行えます。

### ■ UNDO REDO 機能で無制限にやり直せる

モデル作成時、直前に行った動作を元に戻す機能を搭載しています。

### ■施工過程に応じた解析が簡単

地盤の掘削、盛土などのステージ解析を実施することができます。ステージごとに、材料定数の変更、境界条件の変更が可能です。

### ■線要素の重ね合せで複雑な構造も簡単

例えば、トンネルで一次支保工と二次支保工を別々にモデル化することができます。

### ■線要素間の結合は剛でもピンでも

線要素間の結合は「剛結合」に加え「ピン結合」も選択することができます。

### ■ローカル座標系による荷重入力で簡単、スッキリ

荷重の作用方向は、全体座標系に加えローカル座標系でも指定することができます。
分布荷重の作用面積は、「射影面積」あるいは「射影面積でない」から選択することができます。

### ■飽和不飽和の定常解析と非定常解析が可能

飽和不飽和の定常／非定常の浸透流解析が可能です。

### ■比較検討した場合の結果図の貼り付けが簡単

比較検討した場合のモデルや変位などの表示サイズを簡単に合わせることができます。

### ■数値データ出力が簡単

画面上で選択した複数の節点／要素の数値データをエクセルに簡単に貼り付けることができます。

## 「FEM すいすい」 価格

| | | |
|---|---|---|
| 応力変形 | 165,000 円 | |
| 浸透流 | 220,000 円 | |
| 圧密 | 275,000 円 | |
| 応力変形 + 浸透流 + 圧密（アカデミック版） | 0 円 | 1000節点まで |

【著者紹介】

河村哲也（かわむら てつや）

お茶の水女子大学名誉教授
放送大学客員教授

コンパクトシリーズ流れ 流れの話

2021 年 11 月 30 日　初版第 1 刷発行

著　者　河　村　哲　也
発行者　田　中　壽　美

発 行 所　インデックス出版
〒 191-0032　東京都日野市三沢 1-34-15
Tel 042-595-9102　Fax 042-595-9103
URL：https://www.index-press.co.jp